新工科暨卓越工程师教育培养计划电子信息类专业系列教材
桂林电子科技大学研究生课程建设项目资助（YKC201802）
丛书顾问/郝 跃

ZHUANYONG JICHENG DIANLU SHIYAN ZHIDAOSHU

专用集成电路实验指导书

■ 主 编/张法碧
■ 副主编/翟江辉 周 娟 李海鸥
　　　　　李 琦 肖功利 傅 涛
　　　　　陈永和 孙堂友 邓艳容

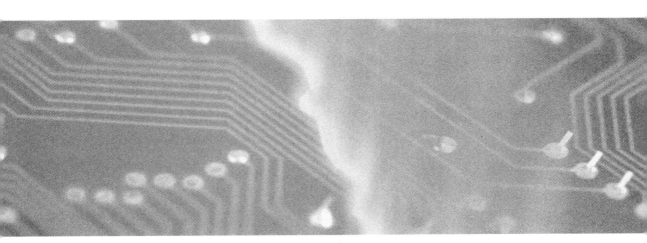

华中科技大学出版社
http://www.hustp.com
中国·武汉

内 容 提 要

集成电路产业是信息技术产业的核心,也是支撑经济社会发展和保障国家安全的战略性、基础性和先导性产业。当前和今后一段时期是我国集成电路产业发展的重要战略机遇期和攻坚期。

本书从实例入手,介绍集成电路设计的基本操作方法,其内容覆盖了集成电路设计的前端和后端,包含模拟和数字的基本单元,也覆盖了集成电路设计的完整的设计流程。对于每一个设计,本书都进行了详细的分析和说明,并都给出了实验成功后的相应结果。本书配备了相应的拓展实验,感兴趣的学生可以在学完基本内容后进一步加深学习。本书对集成电路设计的初学者能够提供很大帮助。

图书在版编目(CIP)数据

专用集成电路实验指导书/张法碧主编. —武汉:华中科技大学出版社,2019.11
新工科暨卓越工程师教育培养计划电子信息类专业系列教材
ISBN 978-7-5680-5545-1

Ⅰ.①专…　Ⅱ.①张…　Ⅲ.①集成电路-实验-高等学校-教材　Ⅳ.①TN4-33

中国版本图书馆 CIP 数据核字(2019)第 255570 号

专用集成电路实验指导书
Zhuanyong Jicheng Dianlu Shiyan Zhidaoshu

张法碧　主编

策划编辑:王红梅
责任编辑:朱建丽
封面设计:秦　茹
责任校对:李　弋
责任监印:徐　露

出版发行:华中科技大学出版社(中国·武汉)　　　电话:(027)81321913
　　　　　武汉市东湖新技术开发区华工科技园　　　邮编:430223
录　　排:武汉市洪山区佳年华文印部
印　　刷:武汉华工鑫宏印务有限公司
开　　本:787mm×1092mm　1/16
印　　张:13.75
字　　数:331 千字
版　　次:2019 年 11 月第 1 版第 1 次印刷
定　　价:38.80 元

前言

    集成电路产业是信息技术产业的核心,也是支撑经济社会发展和保障国家安全的战略性、基础性和先导性产业。当前和今后一段时期是我国集成电路产业发展的重要战略机遇期和攻坚期。我国集成电路产业发展的重要瓶颈之一就是集成电路设计人才的缺乏。集成电路的设计目前已经实现高度自动化,并以"摩尔定律"的步伐发展,通过掌握集成电路设计工具来学习集成电路设计是非常实用的学习方法。

    本书以 Cadence 设计软件为工具,介绍了集成电路的基本设计流程与方法。本书共包含 20 个实验,主要介绍了 Cadence 软件的操作方法、集成电路原理图的设计方法、集成电路版图的设计方法、集成电路的仿真方法及原理图、版图基本规则检查及匹配检查方法。为了便于初学者了解操作流程,本书只介绍了几个简单的基本门级单元,更复杂的电路仍需学生深入的研究。本书作者均为桂林电子科技大学微电子科学与工程专业教师,教学经验丰富;本书获桂林电子科技大学研究生课程建设项目资助(YKC201802)。

    本书在基本概念及理论上做了一定回顾,使得本课程和模拟电路、数字电路及半导体相关理论课之间紧密衔接,让学生能体会到所学的理论知识在工程中的应用。

    集成电路是一门综合学科,涉及的新知识多。笔者深知在这一领域水平十分有限,书中一定存在不足之处,希望读者给予批评指正。

作 者

2019 年 7 月

目　录

1

Cadence 系统环境设置与基本操作

1.1 实验目的

（1）熟悉 Cadence 系统环境。
（2）了解命令解释器窗口（Command Interpreter Window，CIW）的功能。
（3）掌握基本操作方法。

1.2 实验原理

1.2.1 系统启动

Cadence 系统包含许多工具（或模块），不同工具在启动时所需的 License 不同，故而启动方法各异。一般情况下涉及的启动方式主要有以下几种。

（1）Virtuoso：Virtuoso 模拟设计平台启动命令。
（2）NClaunch：数字电路仿真与验证平台启动命令。
（3）Genus：RC 数字综合模块启动命令。
（4）Innovus：EDI 自动布局布线启动命令。

注意：如果没有特殊说明，本实验系统进入 CIW 使用的命令为 virtuoso &。

本实验将依次简要介绍 Cadence 系统的各个软件模块。

1.2.2 Cadence 系统的 CIW

Cadence 系统启动后会自动弹出 what's New 窗口和 CIW。在 what's New 窗口中，可以看到本实验的系统采用的软件版本相对以前版本的一些优点和改进，选择 File→Close 以关闭此窗口。CIW 如图 1-1 所示。

CIW 按功能可分为主菜单、信息窗口及命令行。窗口顶部为主菜单，中间部分为信息窗口，底部为命令行。Cadence 系统运行过程中，在信息窗口会显示一些系统信息（如出错信息、程序运行情况等），故而 CIW 具有实时监控功能。在命令行中可输入由 SKILL 语言编写的某些特定命令。CIW 的主菜单有 File、Tools、Options 等选项（不同模块下内容不同），以下将介绍一些常用菜单。

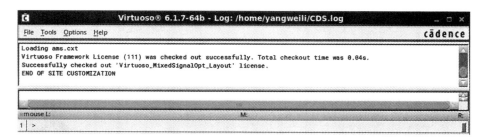

图 1-1 CIW

1. File 菜单

File 菜单的子菜单有 New、Open、Exit 等。Library(库)的地位相当于文件夹,它用于存放设计的所有数据,其中包括单元(Cell)及单元中的多种视图(View)。Cell 可以是一个简单的单元(如一个与非门),也可以是比较复杂的单元(由 symbol 搭建而成)。View 则包含多种类型,常用的有 schematic、symbol、layout、extracted 等,它们各自代表的含义将在以后的实验中提到。

New 菜单的子菜单中有 Library 和 Cellview 两项。选择 Library,就打开 New Library 窗口,如图 1-2 所示。选择 Cellview,就打开 New File 窗口,如图 1-3 所示。

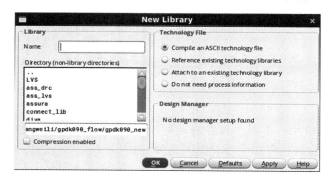

图 1-2 New Library 窗口 1

图 1-3 New File 窗口 1

1) New Library 窗口

该窗口分为 Library 和 Technology File 两部分。Library 部分有 Name 和 Directory 两项,分别对应要建立的 Library 的名称和路径,Library 的名称可以自定义。一般来说,如果仅仅是学习 Cadence 软件中的原理图绘制,那么必须在 Technology File 中选择 Do not need process information。如果在 Library 中要创立掩模版或其他的物理数据(要建立除 schematic 外的一些 View),那么须选择 Compile an ASCII technology file(编译新的工艺文件)或 Attach to an existing technology library(使用原有的工艺库)。相关操作我们会在后面的内容中进行相应的介绍。

2) New File 窗口

在 Library 中选择存放新文件的库,在 Cell 栏中输入名称,然后在 Tool 选项中选择 Composer-schematic,在 View 栏中就会自动填上 schematic。在 Tool 选项中还有很多别的工具,常用的有 Composer-symbol、Virtuoso-layout 等。Library path file 栏是系统自建的 Library path file 的路径及名称(保存相关库的名称及路径),一般不需要改动。

Open 菜单可以打开相应的 Open File 窗口,如图 1-4 所示。在 Library 栏中选择库名,在 Cell 栏中选择需要打开的单元名,在 View 栏中选择视图。点击 Browse 按钮,可以对 Library、Cell、View 进行选择。Open for 选项可以选择打开方式为可编辑状态或者只读状态。

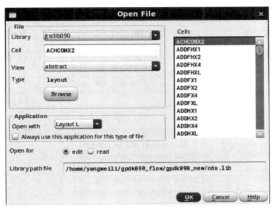

图 1-4 Open File 窗口

Exit 菜单可以退出 CIW。在 CIW 中,点击右上角的关闭图标"×"即可关闭 CIW,但是速度较慢;在命令行中输入 exit,然后按 Return 键(或 Enter 键),可以较快地退出 CIW。

注意:本实验的操作说明,在保证读者看懂的前提下,会尽量保留 Cadence 系统的默认方式及常用的专有名词。例如,Cadence 系统中的 Return 键即为 Windows 下的 Enter 键。

2. Tools 菜单

Tools 菜单的子菜单中有 Library Manager 及 Library Path Editor。

Library Manager 打开的是 Library Manager 窗口,如图 1-5 所示。在窗口的各部

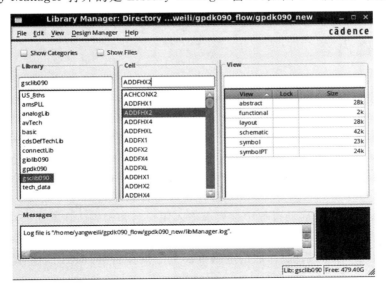

图 1-5 Library Manager 窗口

分中,分别显示 Library、Cell、View 中相应的内容。双击打开需要的 View 中的名称(或同时按住鼠标左右键从弹出菜单中选择 Open)即可打开相应的文件。同样在 Library Manager 窗口中也可以建立 Library 和 Cell。具体方法是点击 File,在下拉菜单中选择 Library 或 Cell 即可。

　　Library Path Editor 打开的是 Library Path Editor 窗口,如图 1-6 所示。从 File 菜单中选择 Add Library 选项(在窗口底部有详细的提示),在窗口中填入相应的库名和路径名,按 Return 键即可完成编辑,退出窗口时选择保存,则定义相应的库和路径生效。

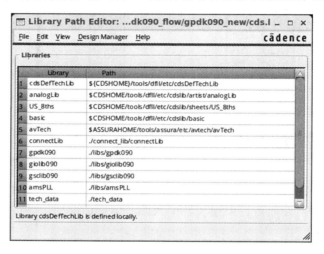

图 1-6　Library Path Editor 窗口

3. Technology File 菜单

　　Technology File 包含设计必需的许多信息,对版图设计尤为重要。它包含版图层次的定义,符号化器件定义,几何、物理、电学设计规则及一些针对特定 Cadence 工具的定义,如自动布局布线的规则、版图转换成 GDSII 时所使用层号的定义等。这些在版图设计的具体实验内容中将予以说明。

1.3　实验内容

1.3.1　启动 Cadence 系统

　　(1)点击电脑桌面上的虚拟机图标"VMware Workstation",打开已经安装好的 VMware。

　　(2)在打开 VMware 后,选择命令菜单栏中的"启动该虚拟机"(在这里需要确认虚拟机名称为 CentoS)。这时,VMware 会自动启动安装好的 Linux 系统。

　　(3)在 Linux 系统启动过程中会要求输入用户名和密码。在本实验中统一的用户名为 asiclab,密码为 asiclab。

　　(4)在启动 Linux 系统后,点击电脑桌面上的鼠标右键(RMB),选择 New Terminal,打开 Terminal 窗口。

　　(5)在启动 License 后,在 Terminal 窗口中,依次输入 source eda_tools、cd

gpdk090_flow/gpdk090_new 和 virtuoso & 命令。在每次输入相应的命令后按 Enter 键。最后系统将会弹出 CIW 和 what's New 窗口。

（6）在弹出的 what's New 窗口中,可以看到本实验系统采用的软件版本相对以前版本的一些改进和优势。选择 File→Close 以关闭此窗口。

1.3.2　运行 Cadence 系统

1. 电路原理图设计工具

电路原理图设计工具为 Schematic Editor。

（1）启动 Schematic Editor 后,在 CIW 中选择 File→New→Library,打开 New Library 窗口。

（2）在 New Library 窗口中,在 Name 栏中输入库文件名 mylib（可以自定义）,在右侧 Technology File 栏中,选择 Attach to an existing technology library,如图 1-7 所示。设置完成后,点击窗口下方的 OK 按钮。

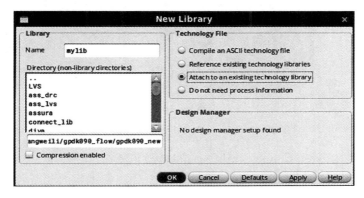

图 1-7　New Library 窗口 2

（3）在随后弹出的 Attach Library to Technology File 窗口中,在 Technology Library 栏中选择 gpdk090,如图 1-8 所示。

（4）在 CIW 中,选择 File→New→Cellview,打开 New File 窗口,如图 1-9 所示。

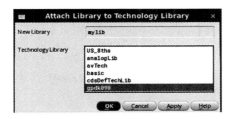

图 1-8　Attach Library to Technology Library 窗口　　　**图 1-9**　New File 窗口 2

（5）在 New File 窗口中,在 Library 栏中选取 mylib,在 Cell 栏中输入 nand2,在

View 栏中输入 schematic，点击 OK 按钮，弹出 Schematic Editor L Editing 窗口，如图 1-10 所示。该窗口用于创建 nand2 的电路原理图。

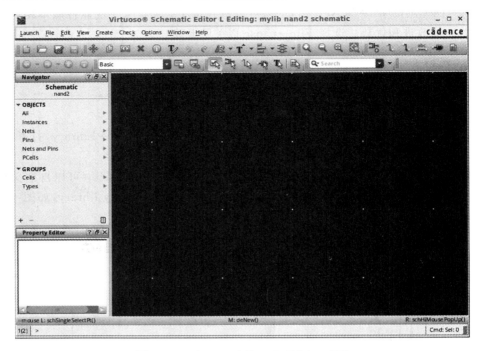

图 1-10 Schematic Editor L Editing 窗口

（6）浏览 Schematic Editor L Editing 窗口，最顶部窗口栏显示为 Virtuoso® Schematic Editor L Editing：mylib nand2 schematic，显示当前编辑的电路名称。

（7）顶部显示菜单栏，从左到右依次为 Launch、File、Edit 等。

（8）窗口第二行为常用命令的快捷方式图标栏（Icon Bar），依次为 New、Open、Save、Check 等。

（9）选择菜单栏命令或点击快捷图标，或按盲键都可实现对电路原理图的编辑。

（10）不存档就直接关闭 Schematic Editor L Editing 窗口。

2. 版图设计工具

版图设计工具为 Layout Suite L Editing。

（1）启动 Cadence 系统后，在 CIW 中，选择 File→Open，参数设置如下：

$$\begin{array}{ll} \text{Library Name} & \text{lab1} \\ \text{Cell Name} & \text{NMOS} \\ \text{View Name} & \text{layout} \end{array}$$

点击 OK 按钮，打开 design 的空白窗口及 Layout Suite L Editing 窗口（见图1-11）。

（2）浏览 nmos 版图设计窗口，最顶部显示为 Virtuoso® Layout Suite L Editing：mylib NMOS layout，显示当前编辑的版图名称。

（3）顶部第二行状态栏（Status Bar）以红色显示 x 与 y 的坐标。在编辑中，常常需要对位置进行准确度量，坐标精度为 $0.005~\mu m$。

（4）顶部第三行以红色显示菜单栏，从左到右为 Tools、Edit、Route 等。

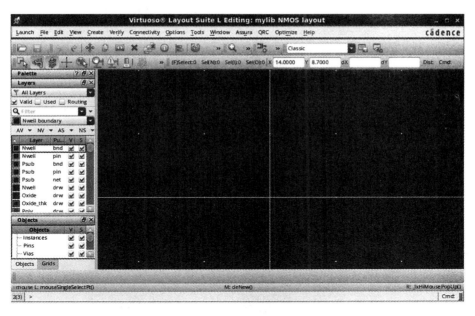

图 1-11 Layout Suite L Editing 窗口

（5）窗口左侧为常用命令的快捷方式图标栏，从上到下为 Check and Save、Delete、Ruler 等。

（6）选择菜单栏命令或点击快捷图标，或按盲键都可实现对版图的编辑，后面的实验将设计 nmos 版图。

（7）LSW 直接关系到版图的设计，在以后的实验中将被经常使用。

（8）不存档，关闭 Layout Suite L Editing 窗口。

3. 版图验证工具

（1）启动 Cadence 后，在 CIW 中，选择 File→Open，参数设置如下：

Library Name　　tech_data

Cell Name　　1inv

View Name　　layout

点击 OK 按钮，打开 1inv 的版图设计窗口，如图 1-12 所示。

（2）打开 1inv 的版图设计窗口后，在 CIW 中，选择 File→Open，参数设置如下：

Library Name　　lab1

Cell Name　　1inv

View Name　　extracted

点击 OK 按钮，打开 1inv 的版图设计窗口，如图 1-13 所示。

（3）浏览 1inv 的 extracted 窗口，发现与 1inv 的版图设计窗口基本一致，不同仅仅是窗口中显示的内容。这是因为 Diva 是"寄生"在 Layout Suite L Editing 中的一个工具，同样，验证工具 Assura 和仿真工具 ADE 也是"寄生"在 Schematic Editor L Editing 中，故而未加详细说明。

（4）由反相器 1inv 的版图，画出 CMOS 非门的电路原理图。

（5）不存档，关闭所有窗口。

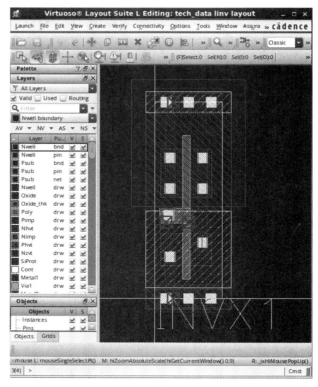

图 1-12　linv 的版图设计窗口

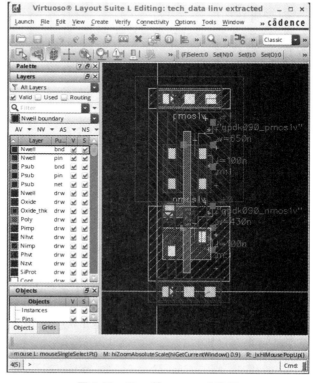

图 1-13　linv 的 extracted 窗口

2

二输入与非门电路原理图设计

2.1 实验目的

(1) 了解 Schematic 设计环境。
(2) 掌握二输入与非门电路原理图输入方法。
(3) 掌握逻辑符号创建方法。

2.2 实验原理

2.2.1 Schematic 设计环境

启动 Schematic Editor 后,在 CIW 中,打开任意库与单元中的 Schematic 视图,浏览 Schematic Editor L Editing 窗口,如图 2-1 所示。

1. 菜单栏

菜单栏中可选菜单有 Launch、File、Edit、View、Create、Check、Options 等项,其常用菜单介绍如下。

(1) Launch 菜单用于提供设计工具及辅助命令。例如,后续实验项目中所使用的仿真工具 ADE 就在 Tool 的下拉菜单中。

(2) File 菜单用于提供文件操作的基本命令,该菜单与 Windows 中相应的菜单功能基本相同。

(3) Edit 菜单用于实现具体的编辑功能,其主要有 Undo、Redo、Stretch、Copy、Move、Delete、Rotate、Properties、Select、Search 等子菜单,这些命令在后续实验中将经常使用。

(4) View 菜单的各选项有调整窗口的辅助功能。例如,Zoom 对应窗口放大(Zoom in)与缩小(Zoom out);Fit 将窗口调整为居中;Redraw 为刷新。

(5) Create 菜单用于添加编辑所需的各种素材,如器件(Instance)或输入/输出端点(Pin)。

2. 图标栏

图标栏内的所有命令都可以在菜单栏中实现,图标栏提供使用频率较高的一些菜

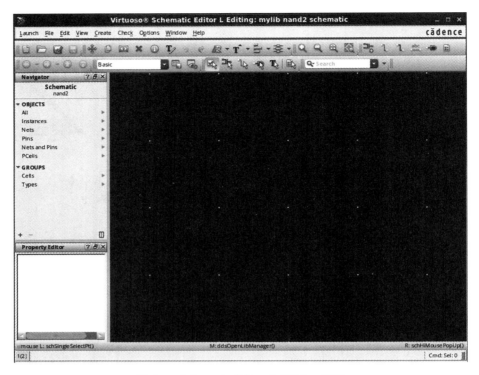

图 2-1 Schematic Editor L Editing 窗口

单的快捷方式,旨在提高设计效率,其图标有 Check、Save、Zoom in by 2、Zoom out by 2、Stretch、Copy、Delete、Redo、Properties、Add Instance、Wire Narrow、Wire Wide、Wire Label、Add Pin、Command Options 等。

3. 盲键

在设计过程中,除了可以使用图标快捷方式外,还可以使用盲键这样的快捷操作方式。例如,添加器件时,可以选择 Add→Instance,也可以点击图标 Add Instance,或者直接在键盘上按 i 键来弹出 Add Instance 窗口。对比这三种操作方式,盲键是最为方便快捷的方式。

Cadence 系统在安装过程中已经设置了通用的盲键,但用户可以根据自己的需要进行自行设置。在 CIW 中,选择 Options→Bindkeys,就可以对所有的盲键进行自定义。常用的盲键在 Edit 和 Add 等菜单中都有定义。选择 Edit,可以看到其下拉菜单中的 Stretch 的盲键为[m],Move 选项的盲键为[M],Select 中的 Filter 选项的盲键则为[ˆr]。用[ ]来表示盲键是 Cadence 系统的习惯,本实验系统中予以保留。三种盲键形式及其操作分别表示如下。

[m]:直接在键盘按 m 键。

[M]:表示大写的 M,操作时同时按 Shift 键和 m 键。

[ˆr]:同时按 Ctrl 键和 r 键。

4. 鼠标

Cadence 系统支持 3 键鼠标,左、中、右键分别定义为 LMB、MMB、RMB。LMB 用于点击和选择,MMB 用于如拷贝、粘贴、删除等的辅助编辑,RMB 与 LMB 配合使用,在查看器件属性、局部放大、器件旋转等方面都可应用,在具体实验过程中将对其进行详细说明。

电路原理图的编辑环境,除了以上的菜单、图标、盲键、鼠标之外,尚有许多需要注意的地方,而这只能在设计过程中根据具体问题进行具体处理。

2.2.2 器件定义

二输入与非门电路比较简单,读者可以自行查阅资料来了解。首先,需要注意的是,添加器件时必须定义器件的属性。其次,每个器件必须有器件参数,如 MOS 的宽长比、电阻的阻抗等。最后,为了在后续实验中实行仿真,每个器件必须具有物理模型(Model),这在 lab3 中将有详细的实例介绍。

2.3 实验内容

2.3.1 电路原理图设计

1. 创建库与视图

请在打开 Cadence 软件后,确认在 lab2 库中是否存在 nand2 单元:若相应的库与视图存在,则无须再行创建,直接调用即可。若 lab2 库和 nand2 单元存在,则可按照下面的步骤打开 nand2 单元的原理图视图。

在 CIW 中,选择 File→Open,参数设置如下:

$$Library\ Name \qquad lab2$$
$$Cell\ Name \qquad nand2$$
$$View\ Name \qquad schematic$$

点击 OK 按钮,即可打开 nand2 单元的原理图视图。

若 lab2 库和 nand2 单元不存在,则可参照以下步骤创建 lab2 库和 nand2 单元的原理图视图。以下为创建库和视图的过程。

(1)在 CIW 中,选择 File→New→Library,打开 New Library 窗口。

(2)在 New Library 窗口中,在 Name 栏中输入库的文件名 lab2(可自定义),在右侧 Technology File 栏中,选择 Attach to an existing technology library,点击窗口下方的 OK 按钮。

(3)在弹出的 Attach Design Library to Technology File 窗口中,在 Technology Library 栏中选择 gpdk090。

(4)在 CIW 中,选择 File→New→Cellview,打开 New File 窗口。

(5)在 New File 窗口中,在 Library 栏中选取 lab2(与之前定义一致),在 Cell 栏中选择 nand2,在 View 栏中选取 Schematic,在 Tool 栏中选取 Composer-Schematic,点击 OK 按钮,则弹出 Schematic Editor L Editing 的空白窗口。

2. 添加器件

器件图如图 2-2 所示。

(1)在 Schematic Editor L Editing 窗口中,选择 Create→Instance,打开 Add Instance 窗口(见图 2-3),在窗口中点击右侧的 Browse 按钮,弹出 Library Browser 窗口

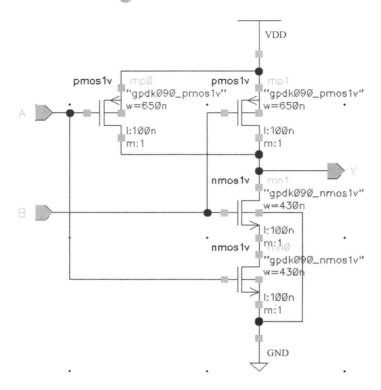

图 2-2 器件图

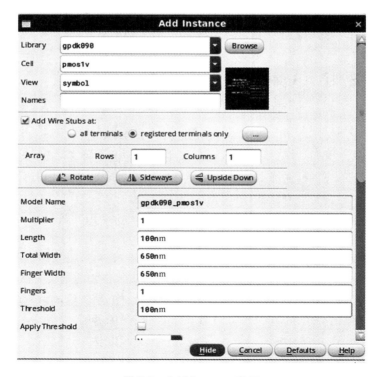

图 2-3 Add Instance 窗口

（见图 2-4），在 Library 栏中选择 gpdk090，在 Cell 栏中选择 pmos1v，在 View 栏中选择 symbol。

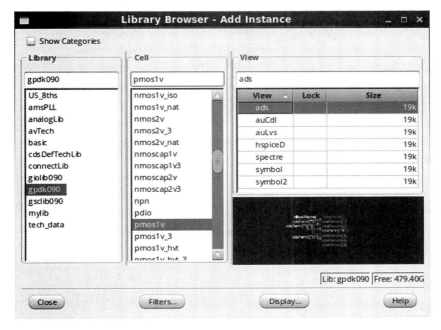

图 2-4　Library Browser 窗口

（2）确认 Model Name 栏中的内容为 gpdk090_pmos1v。

（3）在 Instance Form 中设置 PMOS 的参数，Width 均为 650 nm，Length 为 100 nm。

（4）移动光标到 Schematic 窗口，刚才选择的 PMOS 器件以高亮度（黄色）显示，点击 LMB 完成添加过程。

（5）选择 Add→Instance，在 Library 栏中选择 gpdk090，再选择 NMOS，在视图中选择 symbol，参数设置如下：

　　　　　Model Name　　nmos1　　（此项为确认的内容）

　　　　　　　　Width　　　430 nm

　　　　　　　　length　　　100 nm

（6）添加完 4 个器件（2 个 PMOS 和 2 个 NMOS）后，按 Esc 键以退出当前操作状态。

3．添加 Pin

（1）在左侧 Tool bar 图标栏中选择 Pin Icon 图标，出现 Create Pin 窗口，如图 2-5 所示，在 Names 栏中分别输入 A B 和 Y（A 与 B 之间有空格），并设置端口 A，B 的 Direction 为 input，端口 Y 的 Direction 为 output。设置 Usage 为 schematic。

（2）点击 Rotation 中的图标（或点击鼠标右键），可完成逆时针旋转 90°的操作。

（3）移动光标到 Schematic 窗口，点击 LMB 可完成对 Pin 的添加。

（4）依次完成对 A、B、Y 的添加。最后按 Esc 键以结束该命令。

4．添加 Sources 和 Ground

（1）按盲键[i]，激活 Add Instance Form 窗口。

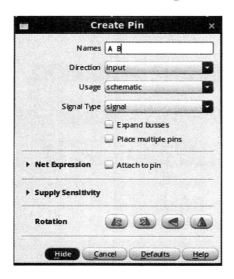 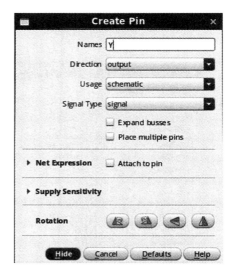

图 2-5　Create Pin 窗口

（2）与选择 NMOS 或 PMOS 的方法相同，选择 Add→Instance，在 Library Column 中选择 analogLib，再选择 VDD 并将其添加到 schematic 中。

（3）方法同上，完成对 GND 的添加，按 Esc 键推出命令（GND 在 analogLib 中）。

5．连线

（1）点击 Tool Bar 栏中的 Wire(Narrow)图标。

（2）移动 LMB 到 Schematic 窗口，将需要连接的两个端点依次点击 LMB，就可完成连线。

（3）将 PMOS 的衬底与 VDD 相连，NMOS 的衬底与 GND 相连。

6．连线命名

（1）点击 Create Wire Name 图标，弹出如图 2-6 所示的窗口，在 Names 栏中输入 ndrain，其他不变。

（2）将名称移至上面一个 NMOS 的电源端，点击 LMB。

（3）拉伸移动过的线至合适位置后点击此线，按 Esc 键。

（4）点击 Tool Bar 栏中的 Check and Save 图标，检查电路图无误后存档。

注意：在 Virtuoso Schematic Editor 环境中进行电路布线时，因为存在两条不相交的走线"过桥"问题，不相交的走线间没有结点。因此，Cadence 系统默认所有的两条走线在形成十字形时，都是没有结点的"过桥"问题。所以当有结点时，只能形成

图 2-6　Create Wire Name 窗口

丁字形的结点，而不能形成十字形的结点，否则在 Check and Save 时将提示 Warning。如图 2-2 所示，输出端 Y 的连线没有直接与 PMOS 的电源端相交在同一结点，而是在 mp0 与 mn1 连线之间形成了两个结点。

2.3.2　创建符号

1. 生成符号

（1）在打开的 nand2 的原理图窗口中，选择 Create→Create Cellview→From Cellview。

（2）各选项的设置如图 2-7 所示，完成后点击 OK 按钮，弹出 Symbol Generation Options 窗口，如图 2-8 所示。

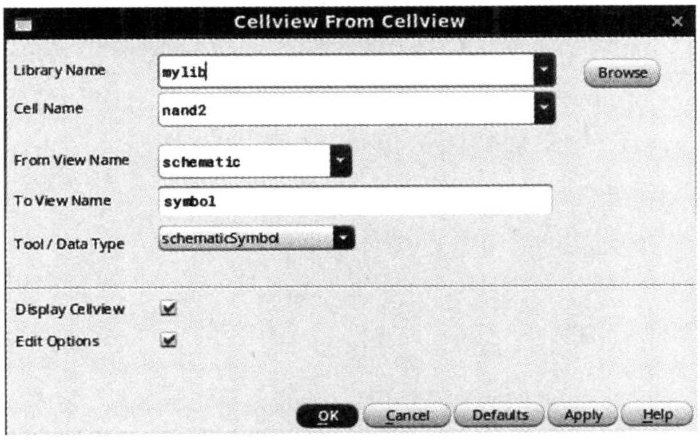

图 2-7　设置选项

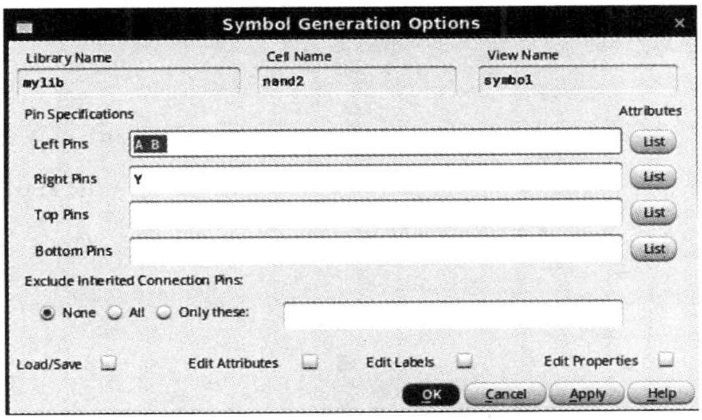

图 2-8　Symbol Generation Options 窗口

（3）在 Symbol Generation Options 窗口中，输入 A B（A 与 B 之间有空格）和 Y，如图 2-8 所示。

（4）选中 Load/Save 选项并点击 OK 按钮，自动生成 nand2 的 symbol，如图 2-9 所示。

图 2-9　编辑符号 1

2. 编辑符号

（1）用 LMB 选择红色的边框，按 m 键移动边框至上一格（移动一格）。用 LMB 选择整个 Pin A，按 m 键向上移动一格（拉开 A 与 B 并使其间隔两格）。

（2）选定绿色长方形边框，点击 Del 图标并将其删除。

（3）在编辑窗口中，选择 Add→Shape→Arc，停在窗口的空白处。

（4）点击 LMB 确定弧线形状，将画好的弧线拖入边框，利用 F3 键可以实现旋转，将弧线开口一侧移至距离 A 与 B 2～3 格处。

（5）选择 Add→Shape→Line，用 LMB 点击弧线左上角端点，向左延长 3 格，向下做成一个直角拐角并向下延长 4 格，再向右延长 3 格与弧线右下角端点相接。

（6）选择 Add→Shape→Circle，将圆添加到弧线右侧的中部位置。

（7）将 Pin（A、B、Y）与添加的图形组合，如图 2-10 所示。

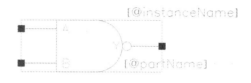

图 2-10　编辑符号 2

（8）选择 Design→Check and Save，保存完成的符号图。

2.4　拓展实验

设计 CMOS 反相器原理图（W/L$_{(PMOS)}$ = 650 nm/100 nm；W/L$_{(NMOS)}$ = 430 nm/100 nm）和 CMOS 二输入或非门原理图（W/L$_{(PMOS)}$ = 650 nm/100 nm；W/L$_{(NMOS)}$ = 430 nm/100 nm），如图 2-11 至图 2-14 所示。

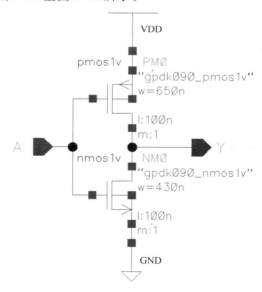

图 2-11　CMOS 反相器原理图

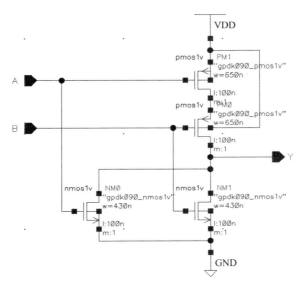

图 2-12   二输入或非门电路原理图

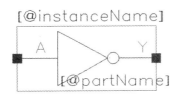

图 2-13   编辑符号 3

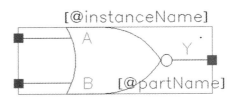

图 2-14   编辑符号 4

ADE 设置

3.1 实验目的

（1）熟练掌握 Schematic 编辑环境。

（2）了解 ADE 设置（基本的仿真设置）。

（3）掌握参数设置的方法。

3.2 实验原理

3.2.1 模拟环境的设置

如图 3-1 所示，在 ADE L 窗口中，各菜单定义如下。

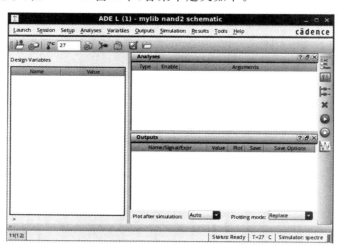

图 3-1 ADE L 窗口 1

1. Session 菜单

Session 菜单包括 Schematic Window、Save State、Load State、Options、Reset、Quit 等菜单项。

（1）Schematic Window 用于回到电路图。

（2）Save State 用于打开相应的窗口并保存当前所设定的模拟时用到的各种参数。窗口中的两项分别为状态名和选择需要保存的内容。

（3）Load State 用于打开相应的窗口,加载已经保存的状态。

（4）Reset 用于重置 Analog Artist,相当于重新打开一个模拟窗口。

2. Setup 菜单

Setup 菜单包括 Design、Simulator/Directory/Host、Temperature、Model Path 等菜单项。

（1）Design 用于选择所要模拟的电路图。

（2）Simulator/Directory/Host 用于选择模拟所使用的模型,系统提供的模型选项有 cdsSpice、hspiceS、spectreS 等,常用的是 cdsSpice 和 spectreS,其中采用 spectreS 进行的模拟更加精确。

（3）Temperature 可以设置模拟时的温度,一般选择 27 ℃。

（4）Model Path 用于设置器件模型的路径,系统会自动在所设定的路径下寻找器件 Model Name 所对应的模型。

3. Analyses 菜单

选择模拟类型窗口中有 ac、noise、tran、dc 四个选项,分别对应的是交流分析（见图 3-2(a)）、噪声分析（见图 3-2(b)）、瞬态分析（见图 3-2(c)）和直流分析（见图 3-2(d)）。

交流分析是分析电流（电压）和频率之间的关系,因此在参数范围选择时必须选择频率。瞬态分析是分析参量值随时间变化的曲线,设置时必须限定瞬态时间。直流分析是分析电流（电压）和电流（电压）之间的关系。在 spectreS 中,可供选择的分析类型有很多,常用的是 ac、noise、tran 和 dc。

tran 的设置只需填入模拟停止时间即可。交流分析和直流分析的设置则更具特点：spectreS 提供了变量扫描功能,其中可供选择的变量有 Frequency、Temperature、Component Parameter 和 Model Parameter 等。

交流分析在扫描频率（常规分析）时,只需填入起始频率和终止频率即可。而在扫描其他参数时,必须将整个电路固定在一个工作频率上,然后进行其他选择。要对 Component Parameter 进行扫描时,先点亮 Component Parameter 按钮,在右侧扩展的菜单栏中点击 Select Component 按钮,然后在电路图上选择所需扫描的器件,这时会弹出一个列有可供扫描参量名称的菜单,在其上进行选择即可。对 Model Parameter 进行扫描时,只需填入 Model Name 和 Parameter Name 即可。

4. Variables 菜单

Variables 包括 Edit 等菜单项,可以对变量进行添加、删除、查找、复制等操作。Variables 既可以是电路中器件的某一个参量,也可以是一个表达式。变量将在对参数进行扫描时用到。

3.2.2 模拟结果的显示及处理

在仿真结束之后,如果设定的 output 有 plot 属性,系统会自动调出 Waveform 窗口,并显示 output 的波形。在波形窗口中,左边的快捷按钮如下。

Delete：删除图中的某个波形。

Move：移动某个波形的位置,可以把几个波形叠加在一个坐标轴下。点击该按钮,

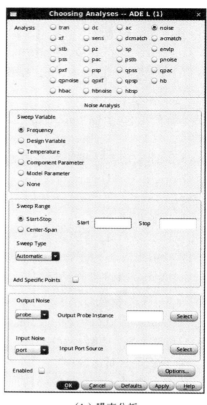

（a）交流分析   （b）噪声分析

（c）瞬态分析   （d）直流分析

图 3-2　选择模拟类型

然后点击需要移动的波形，再在目的地点击鼠标左键，即可完成移动操作。

Crosshair Marker A、Crosshair Marker B：十字标志 A 和 B。

Calculator：可以对输出波形进行特定的数学处理。

Switch Axis Mode：同一坐标显示所有波形或将波形在各自的坐标下分别进行显示。

Add Subwindow：添加子窗口。

3.3 实验内容

3.3.1 瞬态仿真

1. 创建设计原理图

在 Cadence 软件中的库管理器中点击 mylib,然后选择 File→New→Create Cellview 来建立一个新的原理图单元(见图 3-3)。其中,Cell 栏为 tran,View 栏为 schematic。

在随后 Cadence 软件中显示的原理图编辑窗口(见图 3-4)中完成如图 3-5 所示的电路设计。在这个设计中所用到的器件(包括数值与相应的指标)及其所属库如表 3-1 所示。

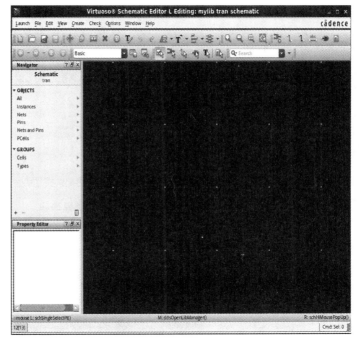

图 3-3　原理图单元　　　　　　　　　图 3-4　编辑窗口

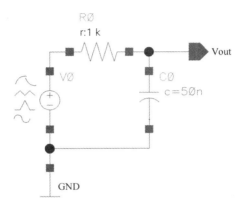

图 3-5　电路设计 1

表 3-1　器件及其所属库 1

库	器 件	数　　　值
analogLib	RES	1 kΩ
analogLib	CAP	50 nF
analogLib	vsource	Zero value＝0 V；One value＝5 V；Period of waveform＝500 μs；Rise time＝1 ns；Fall time＝1 ns；Pulse width＝250 μs

2. ADE 中对原理图的瞬态仿真验证

完成原理图的输入绘制工作后,在原理图编辑窗口中选择 Launch→ADE L 以进入仿真环境,下面就开始进行仿真。

第一步,设置仿真环境,包括设置模型、输入源及仿真类型。在 ADE L 窗口中选择 Setup→Simulator/Directory/Host,设置仿真路径为～/simulation(见图 3-6),操作完成后点击 OK 按钮。

图 3-6　设置仿真路径

第二步,设置仿真用器件模型文件。选择 Setup→Model Library,选中 Model Library File 到/home/yangweili/ gpdk090_flow/gpdk090_new/libs/gpdk090/.../.../models/spectre/gpdk090.scs 并且将 Section 设置为 NN(见图 3-7),操作完成后点击 OK 按钮。

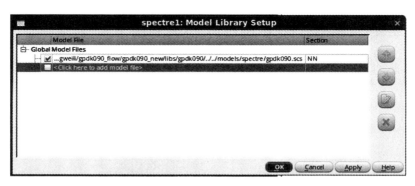

图 3-7　Selection 设置

第三步,设置仿真类型。选择 Analyses→Choose,会弹出如图 3-8 所示的窗口,然后选择 tran,同时设置 Stop Time 为 2m。Accuracy Defaults 设置为 conservative,然后点击 OK 按钮。这表明我们即将对电路从 0 时刻开始到 2 ms 时刻结束的瞬态仿真。同时,仿真精度为最高的精度。具体设置如图 3-8 和图 3-9 所示。

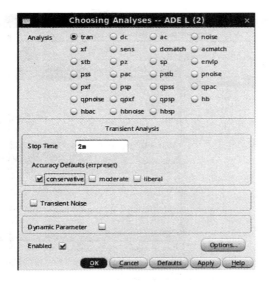

图 3-8 设置仿真类型 1

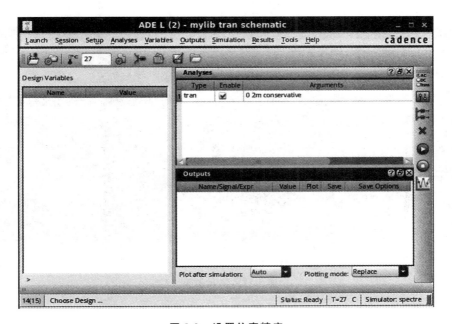

图 3-9 设置仿真精度

第四步,选择仿真输出信号及其类型。选择 Outputs→To Be Plotted→Selected On Schematic,将弹出原理图。

点击输入端口和输出端口 Vout 的信号线。完成选择后按 Esc 键以返回到 ADE,这时 ADE 如图 3-10 所示。

注意:在选择输出时,选择线表明选择信号的电压;而当需要测量信号电流时,需要选择器件中对应的结点的位置。

完成以上设置后,点击 ADE L 窗口中的 Netlist and Run,软件就会自动开始仿真,仿真结果如图 3-11 所示。

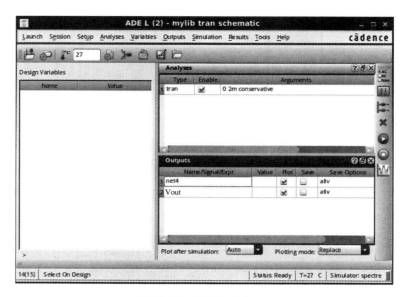

图 3-10　ADE L 窗口 2

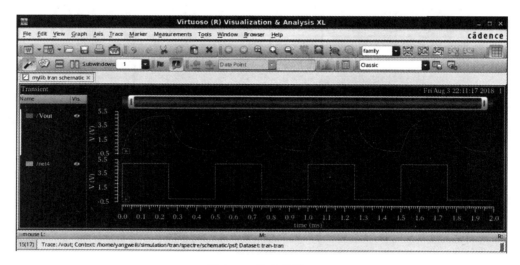

图 3-11　仿真结果 1

3.3.2　直流仿真

1. 创建设计原理图

在 Cadence 软件中的库管理器里点击 mylib,然后选择 File→New→Create Cellview 来建立一个新的原理图单元。其中,Cell 为 dc,View 为 schematic。

在随后 Cadence 软件中显示的原理图编辑窗口中完成如图 3-12 所示的电路设计。在这个设计中所用到的器件(包括数值与相应的指标)及其所属库如表 3-2 所示。

2. 对原理图的直流仿真验证

完成原理图的输入绘制工作后,在原理图编辑窗口选择 Launch→ADE L 以进入仿真环境,下面就开始进行仿真。

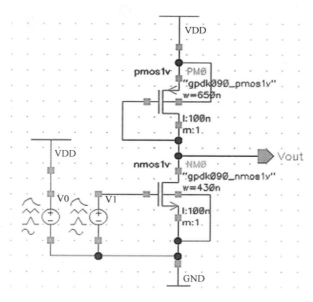

图 3-12　电路设计 2

表 3-2　器件及其所属库 2

库	器件	数值
analogLib	vsource	器件 V0：DC voltage＝1.2 V；Source type＝dc 器件 V1：DC voltage＝Vin V；Source type＝dc
analogLib	VDD	
analogLib	GND	
gpdk090	PMOS	Length＝100 nm；Total Width＝650 nm；Fingers＝1
gpdk090	NMOS	Length＝100 nm；Total Width＝430 nm；Fingers＝1

第一步,设置仿真器为 spectre。与 3.3.1 节中的第一步操作相同。

第二步,设置仿真用器件模型文件。与 3.3.1 节中的第二步操作相同。

第三步,设置仿真变量 Vin。选择 Variables 中的 Copy From Cellview 后,就可在 Design Variables 窗口中看到变量 Vin。同时双击 Vin 变量,在弹出的窗口中设置 Value 的初始值为 1。

第四步,设置仿真类型。选择 Analyses→Choose,会弹出如图 3-13 所示的窗口,然后选择 dc。选中 Sweep Variable 中的 Design Variable 选项,同时在 Variable Name 中输入 Vin。随后,选中 Sweep Range 中的 Start-Stop 选项,将 Start 设定为 0,Stop 设定为 1.2。

在 Sweep Type 中选择 Automatic,同时选择 Number of Steps,设置为 100。上述操作表明即将开始的分析为直流扫描,变量为 Vin 信号。Vin 信号变化的范围是 0～1.2 V。仿真采用线性的变化,共扫描 100 个点。

第五步,选择仿真输出信号及其类型。选择 Outputs→To Be Plotted→Selected On Schematic,弹出原理图,点击输出端口 Vout 的信号线,完成选择后,按 Esc 键以返回到 ADE。

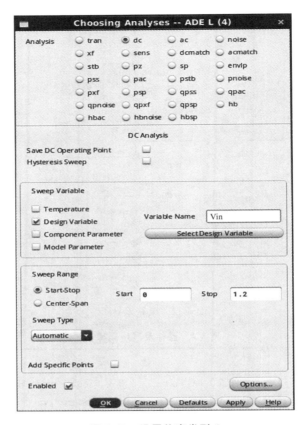

图 3-13　设置仿真类型 2

　　完成以上设置之后,点击 ADE L 窗口的 Netlist and Run 按钮,软件就会自动开始仿真,仿真结果如图 3-14 所示。

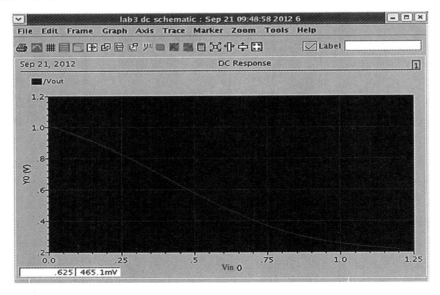

图 3-14　仿真结果 2

3.3.3 交流仿真

1. 创建设计原理图

在 Cadence 软件中的库管理器中点击 mylib,然后选择 File→New→Create Cell-view 来建立一个新的原理图单元。其中,Cell 为 ac,View 为 schematic。

在随后 Cadence 软件中显示的原理图编辑窗口中完成如图 3-15 所示的电路设计。在这个设计中所用到的器件(包括数值与相应的指标)及所属库如表 3-3 所示。

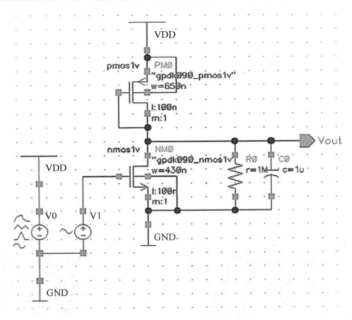

图 3-15 电路设计 3

表 3-3 器件及其所属库 3

库	器 件	数 值
analogLib	vsource	DC voltage=1.2 V;Source type=dc
analogLib	Vsin	DC voltage=0.6 V;AC magnitude=100 m
analogLib	VDD	
analogLib	GND	
analogLib	RES	1 MΩ
analogLib	CAP	1 μF
gpdk090	PMOS	Length=100 nm;Total Width=650 nm;Fingers=1
gpdk090	NMOS	Length=100 nm;Total Width=430 nm;Fingers=1

2. 对原理图的交流仿真验证

完成原理图的输入绘制工作后,在原理图编辑窗口中选择 Launch→ADE L 以进入仿真环境,如图 3-16 所示。下面就开始进行仿真。

第一步,设置仿真器为 spectre。与 3.3.1 节中的第一步操作相同。

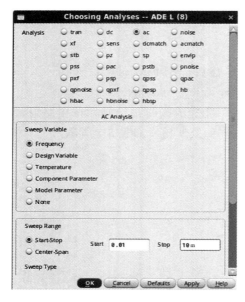

图 3-16 设置仿真类型 3

第二步,设置仿真用器件模型文件。与 3.3.1节中的第二步操作相同。

第三步,设置仿真类型。选择 Analyses →Choose,会弹出如图 3-16 所示的窗口,然后选择 ac,并选择 Sweep Variable 中的 Frequency。随后,选择 Sweep Range 中的 Start-Stop 选项,将 Start 设定为 0.01,Stop 设定为 10 m。最后,选择 Sweep Type 中的 Automatic。上述操作表明即将开始的分析为交流扫描,输入信号变化的频率范围是 0.01 Hz~10 MHz。

第四步,选择仿真输出信号及其类型。选择 Outputs→To Be Plotted→Selected On Schematic,弹出原理图,点击输出端口 Vout 的信号线,完成选择后,按 Esc 键以返回到 ADE。

完成以上设置之后,点击 ADEl 窗口的 Netlist and Run,软件就会自动开始仿真。仿真结果如图 3-17 所示。

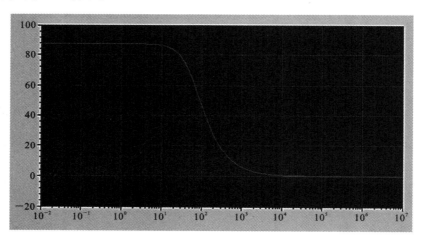

图 3-17 仿真结果 3

4

原理图的层次化设计与仿真

4.1 实验目的

(1) 熟悉 ADE 设置。
(2) 掌握层次化设计方法。
(3) 了解仿真结果分析方法。

4.2 实验原理

关于仿真部分的实验原理,在 lab3 中已详述。

在较为复杂的电路中,因为电路器件个数相对庞大,所有电路单元不可能都以器件的形式出现在电路里。为了简化电路形式,可采用特定的电路符号,即每个符号代表一个电路单元,甚至在电路符号中还可再嵌套符号,由此形成多层电路结构。层次化(Hierarchy)设计简化了电路结构,便于电路设计与仿真,在全订制数/模混合集成电路的设计中,利用层次化进行电路设计已经成为一种必然的方法。

(1) 层次化电路设计的特点如下。

① 大量器件可以用一个符号代表。

② 符号可以代表器件、单元电路模块。

③ 同一符号可以出现在不同层次。

④ 设计中不再需要特定的结构形式。

⑤ 方便不同层次间的设计。

(2) 层次化设计方法(也可使用盲键)如下。

① 选择要进入下层(或返回上层)的符号。

② 进入下层:选择 Edit→Hierarchy→Descend Edit[E]

③ 返回上层:选择 Edit→Hierarchy→Return [Ctrl+E]。

④ 返回顶层:选择 Edit→Hierarchy→Return To Top。

4.3 实验内容

本实验的目的是继续熟悉 Virtuoso Schematic Editor 并学会如何创建基本原理图

的符号视图、组合符号的层次并通过利用 ADE 对特定电路进行设计、仿真、验证。为了达到这些目标,本实验要完成反相器和环形振荡器的设计。这里获得的实验方法在估算复杂电路的延迟时必不可少。

启动 Cadence 工具并打开 Library Manager 窗口。

4.3.1 设计原理图

图 4-1 输入 INVX1

我们将创建一个反相器作为一个驱动单元(通常表示为"1x")。在 Library Manager 窗口或 CIW 中,点击选择 lab4 库,然后选择 File→New→Create Cellview,以创建一个新的器件原理图。

如图 4-1 所示,在 Cell 栏中输入 INVX1,另外在 View 栏中输入 schematic,点击 OK 按钮,就会弹出 Schematic Editor L Editing 窗口(见图 4-2)。

在反相器单元("1x")中,有 $W_p/W_n \approx 2$,即 W_p 的值约是 W_n 的 2 倍,这样的设计可以保证反相器输出的上升时间和下降时间基本相同。在该反相器单元中有 $W_p/W_n = 480\ \text{nm}/240\ \text{nm}$,其原理图如图 4-3 所示。

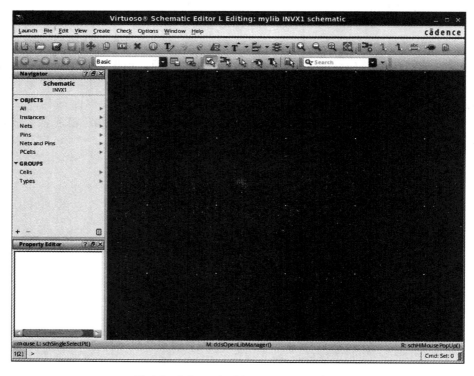

图 4-2 Schematic Editor L Editing 窗口

接下来将加入输入引脚与输出引脚,这对于描述符号间的连接是必须的。放置引脚时在原理图编辑窗口按 p 键,将出现如图 4-4 所示的窗口。

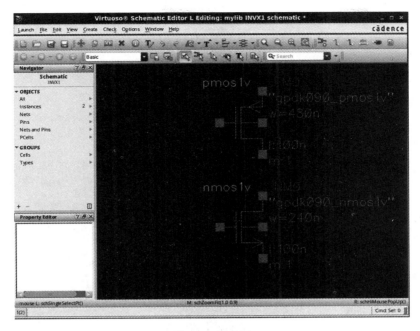

图 4-3 原理图

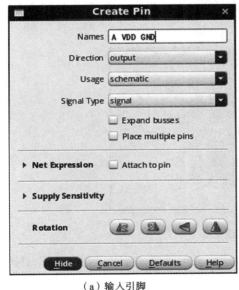

(a) 输入引脚

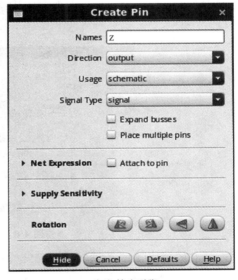

(b) 输出引脚

图 4-4 加入输入引脚与输出引脚

在如图 4-4 所示的 Names 栏中定义输入引脚 A VDD GND(注意 A、VDD、GND 中间有空格),点击 Hide 按钮并将引脚放置在原理图(按指定的顺序)中。然后用同样的方法放置输出引脚 Z。

连接原理图(记住:按 W 键进入连线模式;按 Esc 键退出)的结果如图 4-5 所示(按 f 键使图形符合绘图页的大小)。

选择 File→Check and Save 或按 Shift＋X 键来检查并保存自己的设计。观察 CIW 中的 CDS. log 窗口以发现潜在的警告,在 CDS. log 窗口中,将看到如下信息:

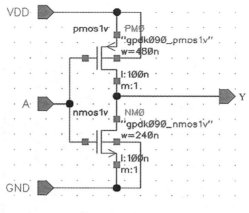

图 4-5　结果图

Schematic check completed with no errors.
"lab4 INVX1 schematic" saved.

4.3.2　创建符号视图

符号视图可以由器件的原理图直接创建。在 Schematic Editing 窗口中，选择 Create→Cellview→From Cellview，则完成从原理图到符号的视图创建，弹出如图 4-6 所示的窗口。

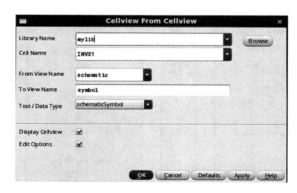

图 4-6　创建视图

点击 OK 按钮之后，接下来出现的窗口表明输入引脚 A 放置在左边，引脚 GND 放置在下边，引脚 VDD 放置在上边，而输出引脚 Z 将放置在右边，如图 4-7 所示。点击 OK 按钮，出现默认的框形符号视图，如图 4-8 所示。

接下来将调整符号视图的形状使反相器成为数字电路设计者所熟悉的符号。

在 Symbol Editor L Editing 窗口下，可以选择 Create→Shape→Line 来添加线条（也可以在第四行工具栏中寻找图形化的按键），可以选择 Shape→Circle 来建立一个反相器输出端的圆圈，还可以分别拖动引脚 VDD 和 GND 到顶部和底部，并移动周围的标签和线来调整符号，最后的符号视图如图 4-9 所示。

注意：完成的符号视图一定要有 Selection Box。

如图 4-10 所示，编辑［@partName］标签的属性（选中器件并按 q 键）并指定 Justi-

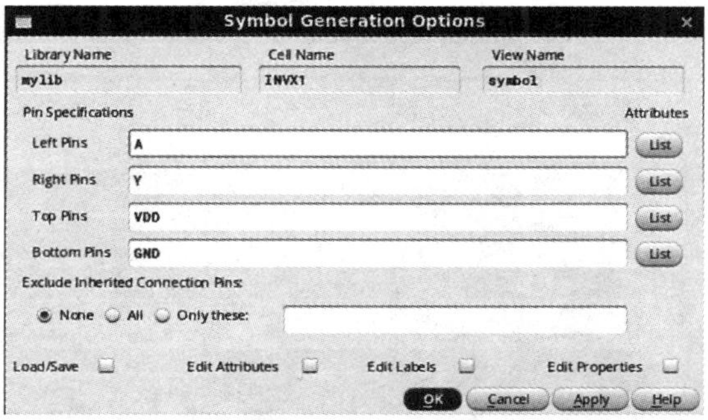

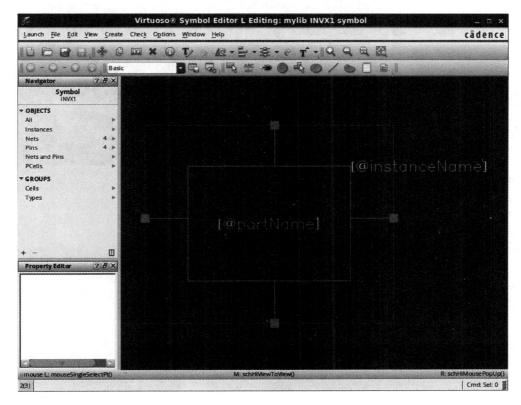

图 4-7　设置引脚

图 4-8　设置符号

fication 类型为 centerLeft。这将确保 INVX1 标签内的形状对齐。

在保存最后的视图前,确保该设计是没有错误的,保存后则在 CIW 中的 CDS. log 窗口中显示"INVX1 symbol saved",则表明设计无错误。当然,这样的检查不能表明完成的电路没有错误。

现在可用这一符号去建立其他的电路,如后面的环形振荡器电路。

4.3.3　层次化设计——环形振荡器

到目前为止,我们已经完成了对反相器的原理图和符号的设计,再创建一个环形振荡器的电路:进入 Library Manager 窗口,新建一单元名为 ring_osc,并将一器件添加到

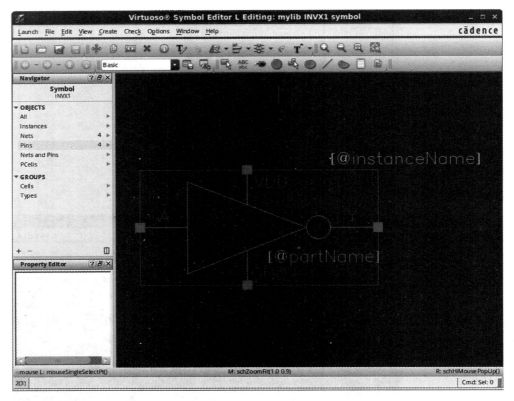

图 4-9　最后符号视图

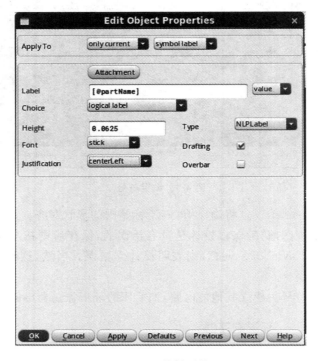

图 4-10　编辑属性

mylib 库中,如图 4-11 所示。

我们将创建一个 15 级的环形振荡器以测试 1x 反相器的延迟时间。在 Schematic Editor L Editing 窗口中,在 lab4 库中放置 INVX1 器件。为使原理图有较好的可读性,我们将设计 3 行来放置 15 个反相器,即每行放置 5 个反相器。

为了快速放置第一行器件,在 Array 的 Columns 栏中输入 5(表明要放入 5 个器件),然后点击 Hide 按钮(或按 Enter 键)以放置第一行器件,如图 4-12 所示。接着向右移动鼠标来放置其他器件,如图 4-13 所示。其中,放置完成后第一行器件如图 4-14 所示。

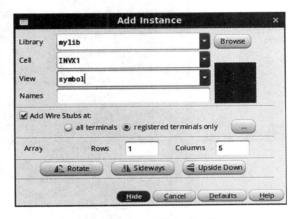

图 4-11　添加器件到 mylib 库　　　　　　图 4-12　放入第 5 个器件

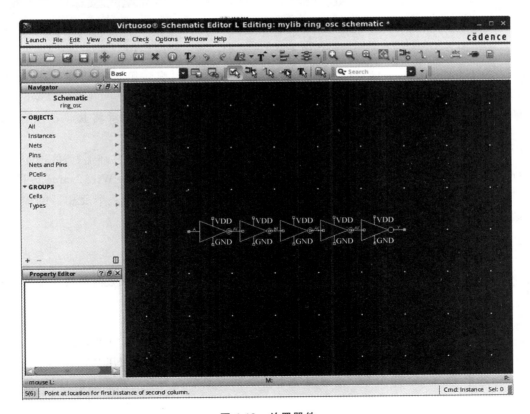

图 4-13　放置器件

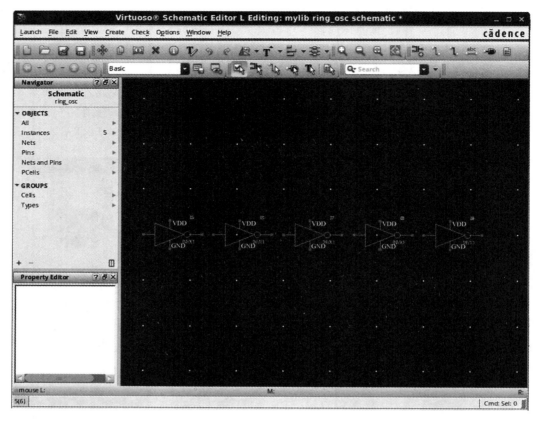

图 4-14　一行器件

为了方便 VDD 与 GND 的信号通过,我们将翻转和旋转第二行器件。在 Add Instance 菜单中,再次在 Columns 栏中输入 5,同时点击 Sideways 与 Upside Down 按钮。最后,按 f 键来创建与第一行器件一样的方法创建第三行器件,并将其放置在第二行器件的下面。最后的放置图形如图 4-15 所示。

在 analogLib 中放置器件 VDD 与 GND 并连接原理图。同样,在环上标注一个点,这个点将作为测试延迟的测试点。可以从下拉菜单中选择 Create→Wire Name 或按 l 键来标注该点。添加名为 TP 的标识,并将其放置在第一行的最后一个反相器的输出端上,如图 4-16 所示,其结果如图 4-17 所示。

4.3.4　环形振荡器延迟仿真

从 Schematic Editor L Editing 窗口中选择 Launch→ADE L 以激活仿真环境。

另外在 lab4 库的设置中,我们还需要将 VDD 设置为全局电源。

具体设置如下。

(1) 在 ADE L(见图 4-18)中,选择 Setup→Stimulition,如图 4-19 所示。

(2) 选择 Global Sources,如图 4-20 所示,确定 OFF VDD! /GND! Voltage bit 为高亮,选中 Enabled,并在 DC voltage 栏中输入 1.2(其单位为 V),然后点击 Change 按钮。再点击 OK 按钮,完成设置。

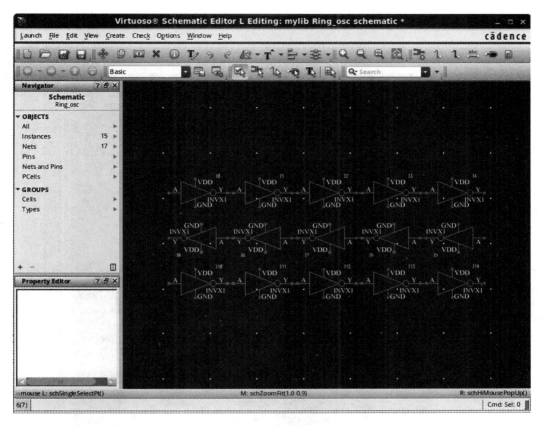

图 4-15　三行器件

图 4-16　添加标识

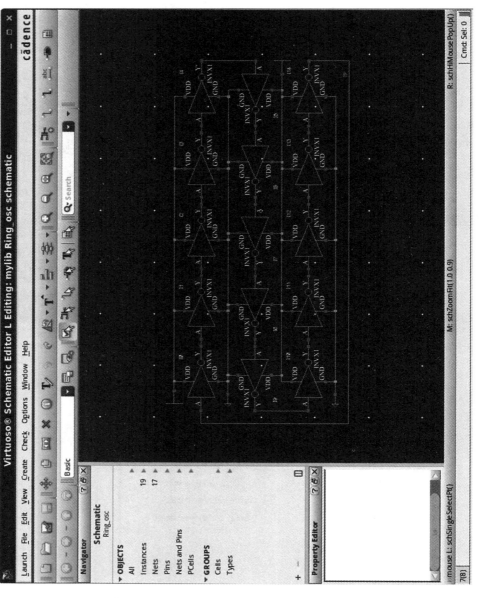

图 4-17 结果图

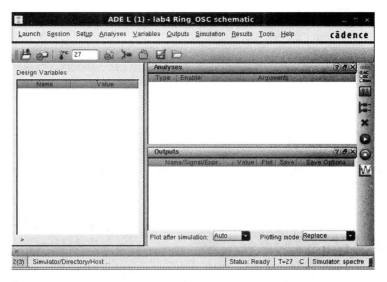

图 4-18　仿真环境

图 4-19　设置仿真 1

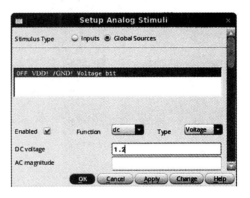

图 4-20　设置仿真 2

（3）建立模型，在 Stop Time 栏中输入 1.5 n 并选中 moderate，如图 4-21 所示。

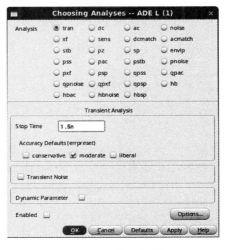

图 4-21　建立模型

（4）选择 TP 作为绘制输出端。

（5）可以得到如图 4-22 所示的波形。

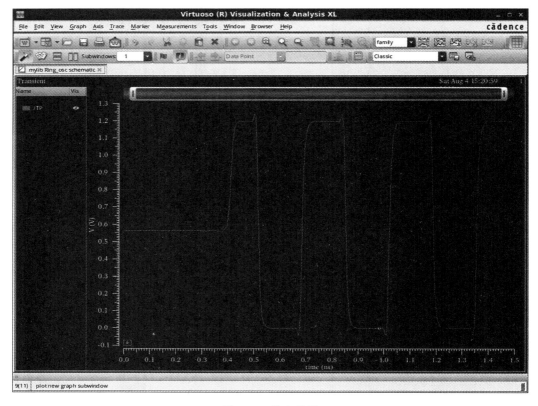

图 4-22 仿真结果

现在，计算振荡器的周期。在图 4-22 中，选择 Tools→Calculator。在 Calculator 窗口的 Selection Choices 中选择 tran 和 vt。在 ADE L 窗口中将弹出供选择的需要探测的波形。选择 TP 并回到 Calculator 窗口，然后在 Function Panel 下搜索 delay，如图 4-23 所示。

Signal1 和 Signal2 处都应读入 VT（"/TP"）。设置 Threshold Value 1 为 0.5 且 Edge Number 1 为 rising（falling 也可以）。再确定第二个触发点。参数的设置如图 4-24 所示。

点击 OK 按钮，出现如图 4-25 所示的窗口。

点击 Eval 按钮，来估算以下显示的表达式。对于门延迟，周期 T 共有 15 个从低到高和从高到低的转换，即

$$T = N \cdot (tp_{LH} + tp_{HL})$$

其中，N 是级别数。该表达式的计算结果约为 335.7 ps，这是振荡器的周期。又有

$$门延迟 = tp = (tp_{LH} + tp_{HL})/2$$

因此有 $tp = T/2N$。

因为 $N = 15$，$tp = 335.7/30$ ps = 11.19 ps，这说明一级反相器的延迟时间为 11.19 ps。

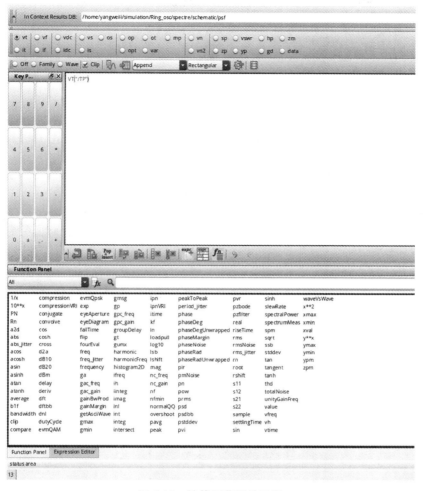

图 4-23 计算振荡器的周期

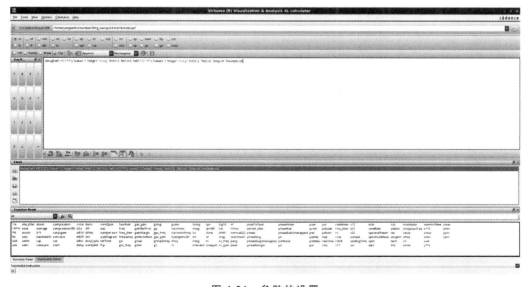

图 4-24 参数的设置

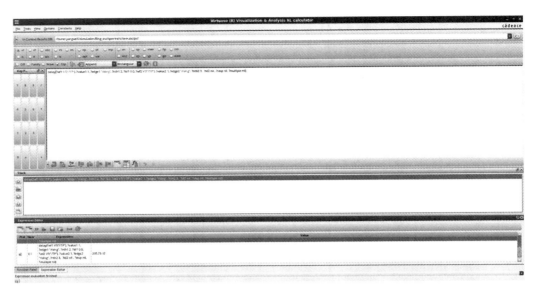

图 4-25　仿真结果

4.4　拓展实验

结合理论课的内容完成 lab4 的设计中反相器(INVX1)的功能仿真验证。

5

ADE 设置——MOS 特性测量

5.1 实验目的

（1）熟练掌握 Schematic 编辑环境。
（2）了解 ADE 设置。
（3）掌握参数设定方法。

5.2 实验原理

5.2.1 MOS 特性基础知识

下面以 N 沟道结型场效应管为例来说明 MOS 的特性。图 5-1 为场效应管的输出特性曲线。该曲线分为三个区：可变电阻区、恒流区和击穿区。

1. MOS 三个工作区的划分和定义

（1）可变电阻区：图 5-1 中 V_{DS} 很小，曲线靠近左边。它表示管子预夹断前电压、电流之间的关系：当 V_{DS} 较小时，由于 V_{DS} 的变化对沟道大小影响不大，沟道电阻基本为一常数，基本随 V_{GS} 作线性变化；当 V_{GS} 恒定时，沟道导通电阻近似为一常数，从此意义上说，该区域为恒定电阻区；当 V_{GS} 变化时，沟道导通电阻值将随 V_{GS} 变化而变化，因此该区域又可称为可变电阻区（利用这一特点，可用场效应管作为可变电阻器）。

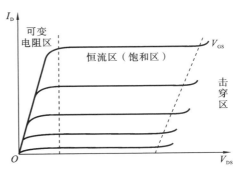

图 5-1 场效应管的输出特性曲线

（2）恒流区：图 5-1 中 V_{DS} 较大，曲线近似水平的部分是恒流区。它表示管子预夹断后，V_{DS} 与 I_D 的关系如图 5-1 所示，两条虚线之间即为恒流区（或称为饱和区）。该区的特点是 I_D 的大小受 V_{GS} 控制，当 V_{DS} 改变时，I_D 几乎不变，场效应管作为放大器使用时，一般工作在此区域内。

（3）击穿区：当 V_{DS} 增加到某一临界值时，I_D 开始迅速增大，曲线上翘，场效应管不能正常工作,甚至被烧毁。场效应管工作时要避免进入此区间。

2. MOS 性能指标的测试

场效应管的直流参数是衡量场效应管性能好坏的重要标准,它包括阈值电压(开启电压)V_T 或夹断电压 V_P、饱和漏极电流 I_{DSS}、跨导 g_m 等。

1) 夹断电压 V_P

对于耗尽型的 MOS 或 JFET,随着栅极和沟道之间反向电压的不断增大,耗尽区在沟道中所占据的空间也越来越大,因而 S 与 D 之间流动的电流减小。当出现极限情况时,反向电压能使电流完全中断;此时,场效应管已经被夹断,引起夹断所需的 V_{GS} 电压称为夹断电压,用 V_P 来表示。我们通常规定,当 V_{DS} 恒定时,使漏极电流 $I_D = 0$ 的 V_{GS} 就为夹断电压。

2) 开启电压 V_T

对于增强型的 MOS,只有将 V_{GS} 达到一定值时,衬底中的空穴(N 沟道)或电子(P 沟道)全部被排斥和耗尽,而自由电子(N 沟道)或自由空穴(P 沟道)被大量吸收到表面层,使表面变成了自由电子(N 沟道)或自由空穴(P 沟道)多子的反型层。反型层将 D 和 S 相连通,构成了 S 与 D 之间的导电沟道,把开始形成导电沟道所需的 V_{GS} 称为开启电压或 V_T。其测量的方法和夹断电压的一样。

3) 饱和漏极电流 I_{DSS}

由于增强型的 MOS 的 I_{DSS} 几乎为零,所以测量这个参数没有实际的意义。对于 JFET 和耗尽型 MOS,或多或少地处于自然夹断,即栅极-源极短路,并且夹断电压仅由内部的沿沟道流动的 I_D 产生,此电流称为 I_{DSS}。I_{DSS} 是场效应管工作于共源组态,而栅极-源极短路时所测得的 I_D。为了保证电流饱和,测量 I_{DSS} 时所规定的 V_{DS} 应比 V_P 大得多。

4) 跨导 g_m

跨导是指当 V_{DS} 恒定时,I_D 的微变量与引起这个变化的 V_{GS} 微变量之比,跨导相当于转移特性上工作点处切线的斜率,单位是西门子(S),也常用 mS 作为单位。g_m 的值一般为 0.1~10 mS。g_m 不是一个恒量,它与 I_D 的大小有关,g_m 可按其定义从转移特性曲线上求出。

5.2.2 利用 Cadence 对器件进行参数扫描时有关的菜单项

Tools/Parametric Analysis 子菜单提供了一种很重要的分析方法——参量分析的方法,即参量扫描,可以对温度和用户自定义的变量进行扫描,从而找出最合适的值。

Outputs/To Be Plotted/Selected On Schematic 子菜单用于在电路原理图上选取要显示的波形,这个菜单比较常用。需要输出的参数不仅仅是电流、电压,还有带宽、增益等需要计算的值,可以在 Outputs/Setup 中设定其名称和表达式,在运行仿真之后,这些输出将会很直观地被显示出来。

5.3 实验内容

5.3.1 启动 Cadence 软件

请参考实验指导书之前的内容,完成虚拟机和 Cadence 软件的启动。

5.3.2　输入设计原理图

在 Cadence 软件中的库管理器中新建库 lab5，然后选择 File→New→Create Cellview 来创建一个新的原理图单元，如图 5-2 所示。

在 Cell 栏中输入 MOS_IV，点击 OK 按钮，就会弹出如图 5-3 所示的原理图编辑窗口。

接下来创建一个简单的原理图，包括一个 NMOS 和一个 PMOS，还有一个偏置电压源。在原理图编辑窗口中选择 Create→Instance 或直接按 i 键来添加器件。随后软件会自动弹出如图5-4所示的窗口。

图 5-2　创建新的原理图单元

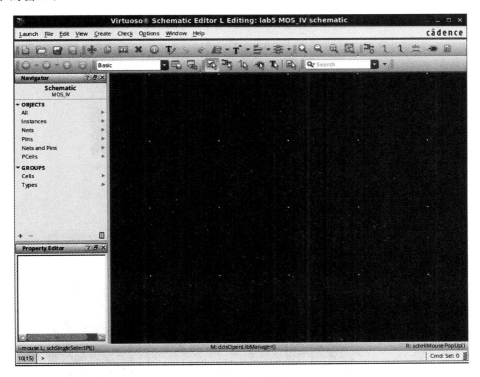

图 5-3　原理图编辑窗口 1

点击 Browse 按钮，就会弹出如图 5-5 所示的库文件管理窗口。

在 Library 中选择 gpdk090，在 Cell 栏中选择 pmos1v，在 View 栏中选择 symbol。注意：对器件进行选择时，添加器件窗口会同时更新。

点击 Close 按钮，将鼠标移到原理图编辑窗口，在需要的位置点击左键，器件就添加进来了，如图 5-6 所示。移动鼠标时会出现另外一个器件（显示黄色），按 Esc 键会退出添加器件模式，同时这个符号也会消失。

接下来按 i 键会添加一个 PMOS，在 Cell 栏中选择 pmos1v（见图 5-7）。

此时，原理图编辑窗口如图 5-8 所示。

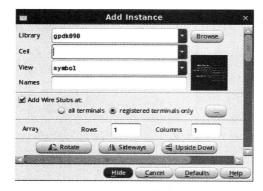

图 5-4 添加器件 1

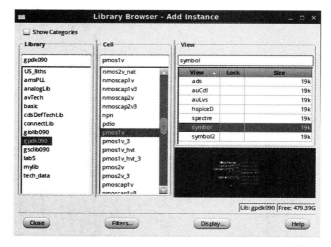

图 5-5 库文件管理窗口

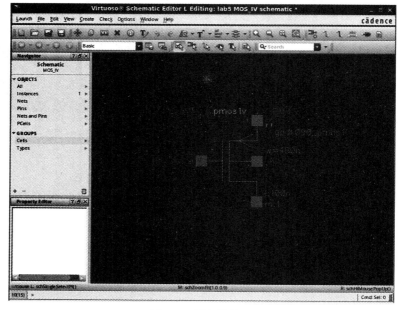

图 5-6 添加器件 2

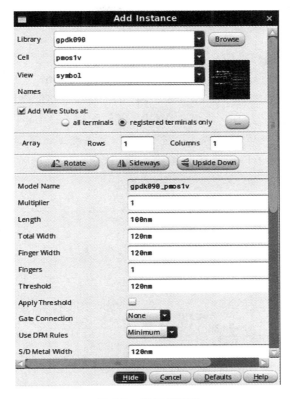

图 5-7   添加 PMOS

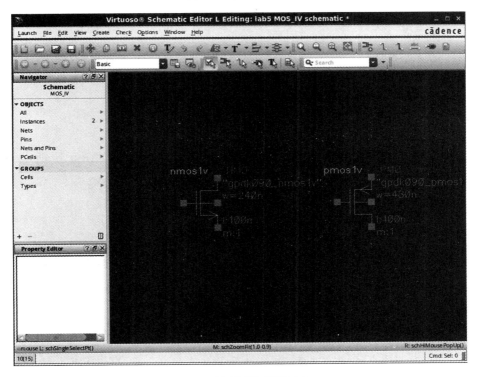

图 5-8   原理图编辑窗口 2

现在通过编辑器件的属性来调节晶体管的大小。点击鼠标左键来选择 NMOS,然后按 q 键来修改其属性。修改晶体管的宽度,将 Total Width 改为 240 nm,按 Tab 键,Finger Width 就变成同样的值。

利用同样的步骤来修改 PMOS 宽度,将宽度改为 480 nm。

接下来添加直流电压源(analogLib 库中的 vdc),即在电路上添加电压源偏置晶体管。

因为要扫描栅源电压的值,需要在 VGS、VDS 及 DC voltage 的属性下确定各自的参数值,即选择 Create→Wire 或按 i 键进行连线,然后按 Esc 键退出。

最后一步就是把零值电压源和晶体管串联,从而对电流进行测量。最终结果如图 5-9 所示。

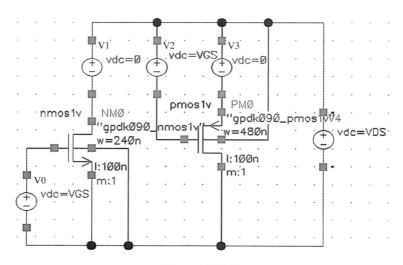

图 5-9 结果图

注意:在原理图设计中需要养成一个很好的习惯,就是设计一段时间后,用 Check and Save 或选择 Design→save 来对当前的任务进行保存。

5.3.3 在 ADE 中进行 Simulation 运行环境设置

在原理图编辑窗口中,选择 Launch→ADE L 进入仿真环境,如图 5-10 所示。

图 5-10 进入仿真环境

下面开始进行仿真。

第一步,设置仿真环境,包括模型、输入源及仿真类型。在 ADE L 窗口中选择 Setup→Simulator/Project Directory/Host,设置仿真的路径为～/simulation(见图 5-10)。操作完成后点击 OK 按钮。

第二步，设置仿真用器件模型文件。选择 Setup→Model Library，通过点击
Browse 按钮以选择 Model Library File 到/home/yangweili/ gpdk090_flow/gpdk090_
new/libs/gpdk090/.../.../models/spectre/gpdk090. scs，并且设置 Section 为 NN，如
图 5-11 所示。操作完成后点击 OK 按钮。

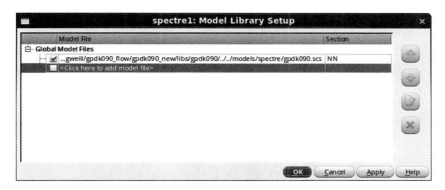

图 5-11　设置仿真用器件模型文件

第三步，设置参数值。选择 Variables→Edit 来确定 VGS 和 VDS 的初始参数值，
如图 5-12 所示。

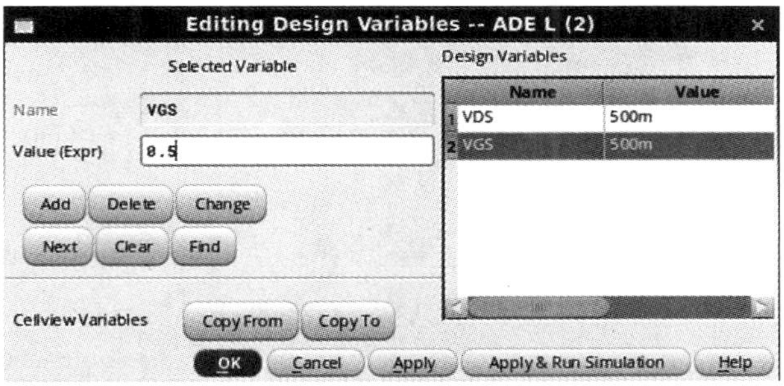

图 5-12　设置参数值

点击 Name 栏中的 VDS，将 Value (Expr)设置为 0.5，并且点击 Change 按钮以保
存变量设置。用同样的方法设置 VGS，完成后如图 5-12 所示，点击 OK 按钮。

第四步，设置仿真类型。选择 Analyses→Choose，会弹出如图 5-13 所示的窗口，然
后选择 dc，点击 OK 按钮，出现 ADE L 窗口，如图 5-14 所示。

第五步，选择仿真输出信号及其类型。选择 Outputs→To Be Plotted→Selected
On Schematic，将弹出原理图，点击两个零值电压源的正极，如图 5-15 所示，这时 ADE
L 窗口如图 5-16 所示。

在进行下一步操作以前，我们先保存之前的设置以便下次调用：选择 Session→
Save State，把 State Save Directory 保存到路径~/. artist_states 中，在 Save State 中把
名字改为 state_MOS_IV，这样在下次仿真的时候就可以直接调用了。

注意：调用时，一定要找对相应的路径。

当 VGS 为 0.5 V 时，可以产生 10 条曲线，这时为了扫描 VGS，选择 Tools→Para-
metric Analysis，参数设置如图 5-17 所示。

然后在 Parametric Analysis 窗口中，选择 Analysis→Start-Selected 来创建网表，

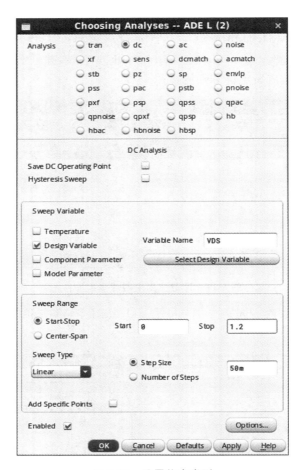

图 5-13　设置仿真类型

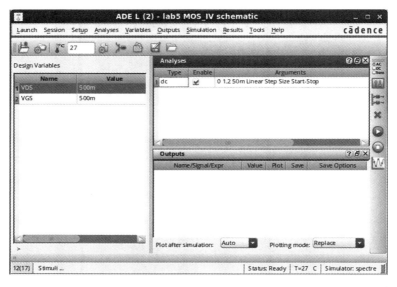

图 5-14　ADE L 窗口 1

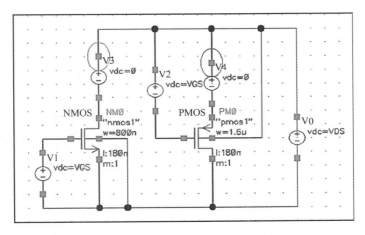

图 5-15 原理图

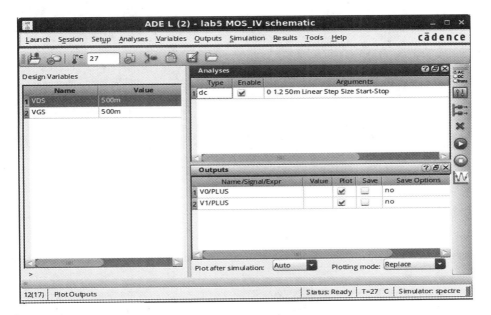

图 5-16 ADE L 窗口 2

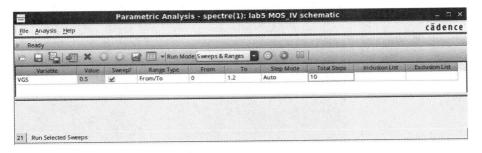

图 5-17 设置参数

并且进行参数仿真。仿真完成后,就可得到 NMOS 和 PMOS 叠加在一起的曲线图,如图 5-18 所示。

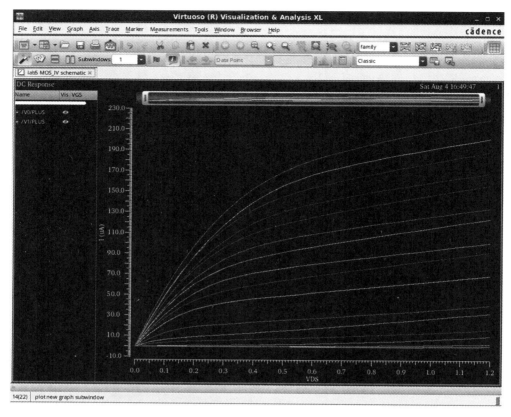

图 5-18　曲线图

最终,我们把这个图形分成两个子图形,点击图 5-18 中红色横线标出的 Create New Subwindow 按钮,左键依次单击 V2 的曲线,然后将它们拖到右面的图形,如图 5-19 所示。

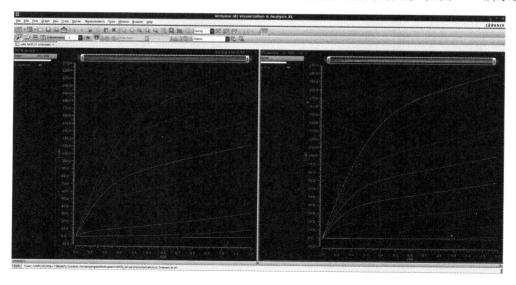

图 5-19　子图形

通过选择 Graph→AddLabel 还可以给每条曲线加上标签,如图 5-20 所示。

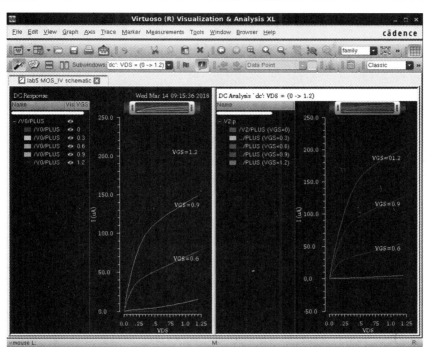

图 5-20　最终图形

5.4　拓展实验

完成 lab4 中 AOI21X1 和 OAI21X1 两个单元电路的仿真验证,并说明电路的功能。

6

运算放大器的仿真验证

6.1 实验目的

(1) 熟练掌握 Cadence 软件中 Schematic 编辑环境与 ADE 的设置。

(2) 理解运算放大器的各种设计要求和设计指标。

(3) 掌握参数设定方法,同时熟练掌握运算放大器各种参数指标的测量方法。

6.2 实验原理

运算放大器是具有很高放大倍数的电路单元。在实际电路中,通常结合反馈网络共同组成某种功能模块。它是一种带有特殊耦合电路及反馈的放大器。其输出信号可以是输入信号加、减或微分、积分等数学运算的结果。由于运算放大器早期应用于模拟计算机中,用于实现数学运算,故得名"运算放大器"。为了测试之前设计的运算放大器的性能,需要对其直流偏置和交流增益进行仿真。

6.3 实验内容

6.3.1 创建库与视图

启动 Linux 系统后,在桌面上点击鼠标右键,再使用鼠标左键点击选择 New Terminal,打开 Terminal 窗口。在 Terminal 窗口中,依次输入如下命令:source eda_tools、cd gpdk090_flow/gpdk090_new 和 virtuoso &。然后在 Cadence 窗口中进行新建库和视图的操作。新建库名为 lab6,新建单元为 op,View 为 Schematic,Tool 为 Composer-Schematic。

按 i 键,添加器件,按设计的要求填写器件的属性。将电源电压 VDD=2 V 和电流源 idc=15 μA 一起放在电路图中,如图 6-1 所示。

在我们完成的双端输入-单端输出的运算放大器中,各 MOS 的宽长比如表 6-1 所示。

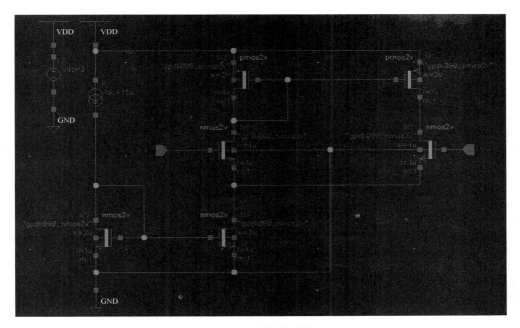

图 6-1　电路原理图

表 6-1　各 MOS 的宽长比

Instance Name	$w/\mu m$	$l/\mu m$	Mutiplier	Library Name	Cell Name	View
M0、M1	4	1	1	gpdk090	nmos2v	symbol
M2、M3	2	1	1	gpdk090	pmos2v	symbol
M4、M5	2	1	1	gpdk090	nmos2v	symbol

6.3.2　直流偏置验证仿真

使得两个输入端 $V_{in1} = V_{in2} = 1$ V,其他不变,直流偏置验证仿真如图 6-2 所示。搭建好测试平台后,可以通过仿真器来验证之前的设计是否满足要求。首先,应该进行直流工作点的验证。打开 ADE L 窗口,选择 Analyses→Choose,Choosing Analyses 窗口中的设置如图 6-3 所示。

点击 ADE L 窗口的仿真按键,开始仿真。

仿真结束后,选择 Results → Annotate → DC Node Voltages 及 DC Operating Points,可以将仿真器中各点直流偏置电压和各器件静态工作直流信息直接显示在电路图上,如图 6-4 所示。

选择 DC Node Voltages 可以观察电路的直流偏置电压,选择 DC Operating Points 可以观察电路的静态工作直流信息。

DC 仿真结果如图 6-5 所示。

通过选择 Results→Print→DC Operating Points,回到电路图中,依次点击每个器件,可以观察每个器件参数,如图 6-6 所示。Region 参数表明是管子的工作区域,Region 为 0 表示其为截止区,为 1 表示其为线性区,为 2 表示其为饱和区,为 3 表示其为亚阈值区,为 4 表示其为击穿区。

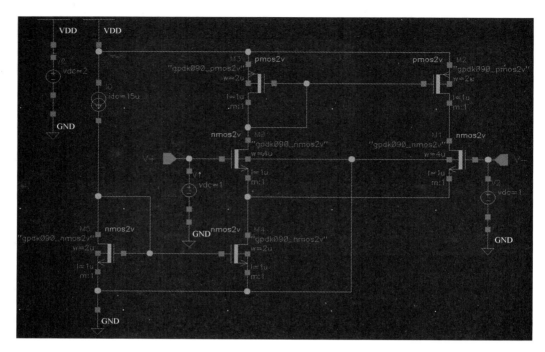

图 6-2　直流偏置验证仿真

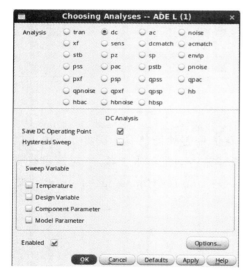

图 6-3　保存器件的直流工作点

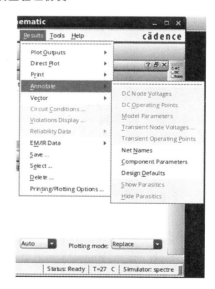

图 6-4　仿真电路的直流偏置电压和静态工作直流信息

6.3.3　交流增益验证仿真

在搭建好测试平台后,就可以通过仿真器来验证之前的设计是否满足要求。连接"V+"和"V-"的信号源选择为"vdc",在其 AC magnitude 选项中填写 1,完成的测试图如图 6-7 所示。

在搭建好测试平台后,打开 ADE L 窗口,选择 Analyses→Choose;Choosing Analyses 窗口中的设置如图 6-8 所示。

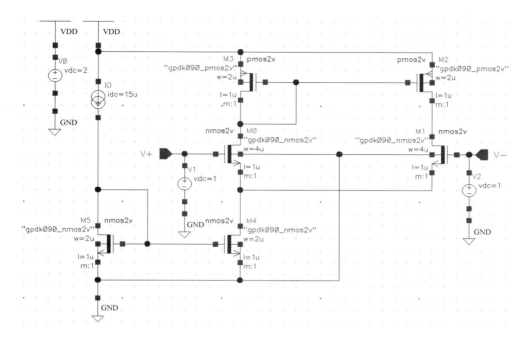

图 6-5 DC 仿真结果

Results Displa		Results Displa	
Window Expressions Info Help		Window Expressions Info Help	
signal	OP("/V0" "??")	cddb1	14.3908a
		cdg	-504.153a
i	-29.2809u	cds	11.5115a
pwr	-58.5619u	cgb	-541.17a
v	2	cgbovl	5.69052a
signal	OP("/I0" "??")	cgd	-478.549a
i	15u	cgdbi	5.30434a
pwr	18.3271u	cgdovl	483.853a
v	1.22181	cgg	13.3457f
signal	OP("/M3" "??")	cggbi	12.3721f
beff	183.175u	cgs	-12.326f
betaeff	256.381u	cgsbi	-11.8419f
cbb	4.69533f	cgsovl	484.095a
cbd	-546.541a	cjd	541.851a
cbdbi	110.052a	cjs	639.228a
cbg	-2.78077f	csb	-3.68671f
cbs	-1.36802f	csd	-15.0058a
cbsbi	-613.812a	csg	-10.0688f
cdb	-547.453a	css	13.6825f
cdd	1.84009f	cssbi	12.5592f
cddbi	14.3908a	fug	588.965M
cdg	-504.153a	gbd	84.1375f
cds	11.5115a	gbs	0
cgb	-541.17a	gds	487.3n
cgbovl	5.69052a	gm	49.3869u
cgd	-478.549a	gmb	13.3981u
cgdbi	5.30434a	gmbs	13.3981u
cgdovl	483.853a	gmoverid	6.91322
cgg	13.3457f	i1	-7.14383u
cggbi	12.3721f	i3	7.14383u
cgs	-12.326f	i4	7.33482f
		ibd	5.18535f
		ibe	742.633f
		ibs	2.14947f
9		9	

图 6-6 器件参数

设置好后点击 ADE L 窗口的仿真按键,开始仿真。仿真结束后,选择 Results→Direct Polt→AC Gain & Phase,然后在电路图中依次点击运算放大器的输出 Vout 和交流信号输入端 V+,即可观察电路增益和相位曲线,如图 6-9 所示。

选择 Trace→Vert Cursor,即可看到一个垂直的测试标线,移动测试标线可以在

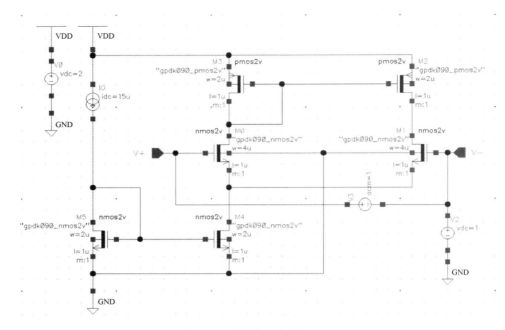

图 6-7　交流增益仿真测试图

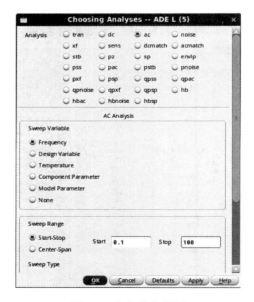

图 6-8　交流仿真设置

窗口的上部看到图中各点对应的频率和增益,也可以选择 Trace→Horz Cursor 来调出水平测试线。在图 6-9 中,可以移动测试线以观察到增益、单位增益带宽和相位裕度。

6.3.4　瞬态时域验证仿真

　　衡量一个运算放大器的时域特性主要是观察运算放大器的阶跃响应,包括静态误差、超调量、调整时间、是否有振铃等指标。为此,我们设计的测试平台和瞬态激励分别

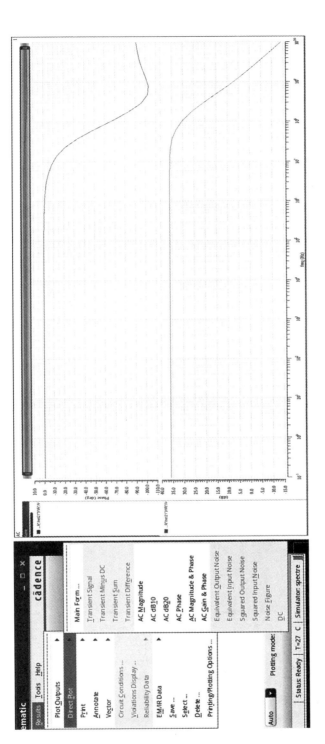

图 6-9　电路增益和相位曲线图

如图6-10 和图 6-11 所示。运算放大器被接成单位增益负反馈模式,在这种情况下,运算放大器的输出将跟随运算放大器的一个输入端 Vin－的输入信号变化。在运算放大器的输入端 V＋处接入一个分段信号电压源,产生电压为 0～1 V,上升沿为 1 ns 的阶跃信号。输出端接 $C＝5$ pF 的电容负载。

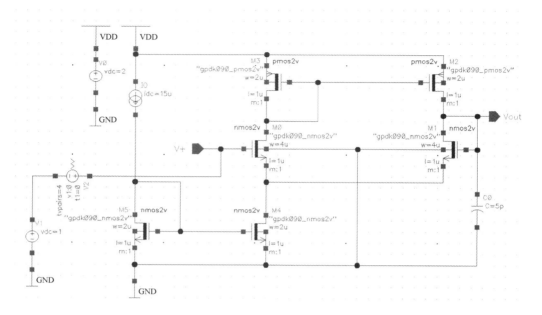

图 6-10　测试平台

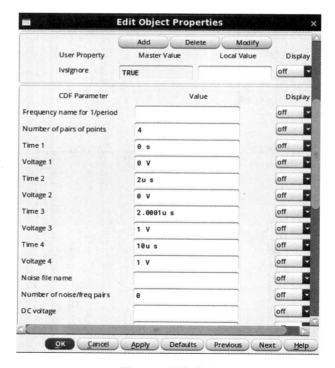

图 6-11　瞬态激励

搭建好后,在 ADE L 窗口中进行仿真。选择 Analyses→Choose;在 Choosing Analyses 窗口中,设置 Stop Time 为 10 u,并选择 Conservation。设置好后选择 Outputs To Be Plotted→Select On Schematic,然后在电路图中依次选择输入线 V＋和输出线 Vout。返回 ADE L 窗口,点击图标 ,开始仿真,其仿真图如图 6-12 所示。

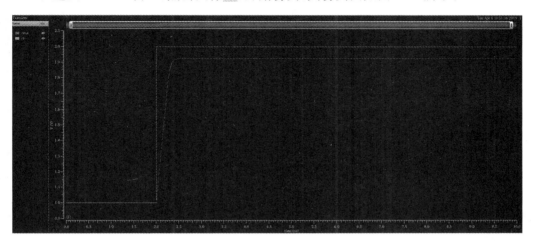

图 6-12　仿真图

选择 View→Zoom 或按 z 键,以选取放大的区域,可以看见输出曲线有一小段线性部分,选择 Trace→Delta Cursor 后,移动测试标线的小箭头,可以在窗口的下方看到对应的坐标值。此方法可测试该线性部分的坐标值。根据电路理论可知,输出响应分为大信号线性响应阶段和小信号线性响应两个阶段。根据大信号响应的斜率可以直接测量该放大器的正摆率(计算该段线性部分的斜率),如图 6-13 所示。

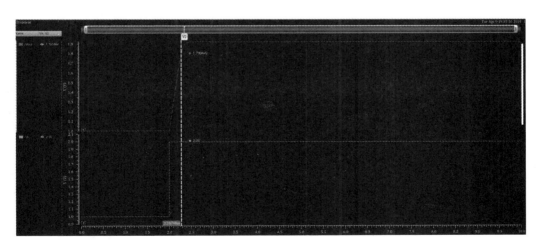

图 6-13　正摆率计算图

7

AMS 数/模混合仿真器

7.1 实验目的

（1）掌握 AMS 数/模混合仿真器的使用方法。
（2）掌握 Cadence 软件中 config 视图的使用方法。
（3）掌握数/模混合仿真的基本步骤。

7.2 实验原理

在以前的实验仿真验证中，我们仅仅使用了 ADE 中的 Spectre 仿真器。该仿真器主要考虑的是 MOS 器件的特性及其产生的影响。换句话说，就是在仿真过程中用尽可能多的细节来精确反映晶体管系统的真实电气行为。这类模型仿真器大多都可追溯到名为 Spice 的仿真器，它最初是由美国的 Berkeley 大学于 1970 年初开发出来的，一直到 1980 年初，Spice 都是用 FORTRAN 语言编写的。Spice3 开发于 1985 年，是第一个 C 语言版本。自 Spice 脱离 Berkeley 大学之后，已有许多商业版本的 Spice 和类似 Spice 的程序，包括 Hspice、Pspice、IS_Spice 和 Microcap 等。

集成在 Cadence ADE 仿真平台中的模拟仿真器称为 Spectre。就仿真晶体管的模拟行为来说 Spectre 类似于 Spice，但它除 Spectre 格式外，还可以接受 Spice 语言编写的程序作为输入文件。它在内部的工作过程与 Spice 的稍有不同，并比 Spice 的方式稍快。但对使用者来说两者在本质上是相同的仿真器，它们接受相同的输入文件并生成相同的波形输出来显示电路系统的模拟行为。

设计者在利用 Spectre 仿真器进行电路仿真时，首先仿真器会自动提取电路的 Spice 网表，然后结合在 ADE 中设定的由芯片加工厂提供的 MOS 等分立器件的 Spice 模型和由设计者设定的仿真类型和仿真条件，通过精密的计算得到结果。

所以，用 Spectre 进行模拟仿真是电路设计验证中较详细和精确的。它可以对设计中的每个晶体管进行非常详细的仿真。但是，利用 Spectre 进行仿真得到的数据结果不到制造芯片的 4% 的时序仿真结果（这取决于晶体管模型的精度及对芯片上所有原有结构和寄生结构的建模精度），并且，这一仿真过程是非常缓慢的。此外，该仿真难以用 Vpulse 和 Vpwl 等模拟信号发生器来生成数字电路的复杂数据流。然而,如果芯片设计者希望得到芯片详细的时序信息,那么,除了对整个芯片进行模拟仿真外,再无其他选择。

幸运的是,在全模拟仿真和纯功能仿真之间有一个折中。Cadence 软件允许混合模式的仿真,即在设计中,一部分模块可以用 Verilog-XL 或 NC-Verilog 进行数字电路的仿真,另一部分模块可以用 Spectre 进行模拟电路的仿真。最终设计者可以利用 Cadence 软件的这一功能来完成各种仿真任务。

(1)可以仿真实际的混合模式电路,即同时含有模拟和数字部件的系统,如逐次逼近模/数转换器(Successive Approximation ADC)。

(2)可以用两种仿真器来仿真大的数字系统,其中大部分电路可以用 Verilog 仿真器仿真,而某些关键部件又可以用模拟仿真器仿真以达到较高的精度。

(3)可以用模拟仿真器仿真整个系统,但在测试程序(Testbench)文件中包含一小组数字部件,这样就可以用 Verilog 编写测试程序而不必用 Vpulse 和 Vpwl 来设置输入激励。

综上所述,由于模拟电路和数字电路之间有差异(模拟电路侧重于各个电路信号的改变,而数字电路侧重于功能的实现),所以,单纯使用模拟电路仿真方法来验证数字电路的功能就显得捉襟见肘了。而在 Cadence 软件中提供了 SpectreVerilog 仿真器,该仿真器可对数/模混合电路进行快速优化的仿真验证。下面利用这个仿真器进行一个简单的实验,实验内容是对 256 分频器进行设计与验证。

7.3　实验内容

7.3.1　256 分频器的设计

首先进入 gpdk180 设计环境。然后打开所属库为 lab7 的单元 clk_fen,视图名为 schematic。在 Cadence 软件调出的原理图(见图 7-1)编辑界面中完成电路设计。需要使用的器件如下。

① 8 个 D 触发器(所属库为 gsclib090,单元名为 DFFSRX1,视图名为 symbol)。

② 8 个反相器(所属库为 gsclib090,单元名为 INVX1,视图名为 symbol)。

③ VDD 电源端口(所属库为 analogLib,单元名为 vdd,视图名为 symbol)。

④ GND 地线端口(所属库为 analogLib,单元名为 gnd,视图名为 symbol)。

⑤ 4 个 vsource 输入激励(所属库为 analogLib,单元名为 vsource,视图名为 symbol),即 V3 为供电单元;V2 为对设计中的输入端口所添加的激励信号;V1、V0 为对 D 触发器的清零端和复位端加入信号。

vsource 的属性如表 7-1 所示。

注意:原理图绘制完成之后,在存盘的过程中,Cadence 软件会对完成的设计提出 8 个警告。这是由于 D 触发器的输出端 QN 没有进行连接所引起的。这样的报警不会对软件的使用产生影响。

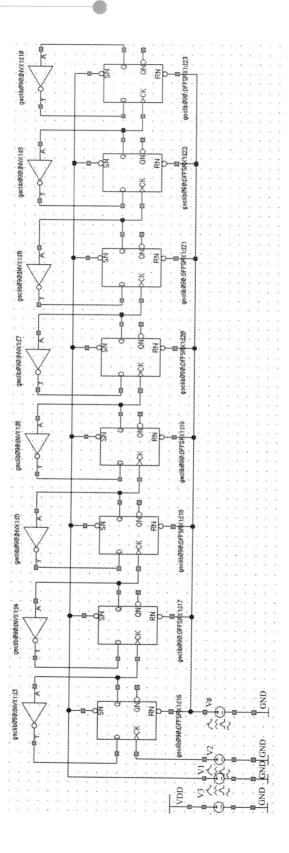

图 7-1 原理图

表 7-1　vsource 的属性表

vsource	DC voltage	Scource type	Zero value	One value	Period	Rise time	Fall time	Pluse time
V3	1.8	dc						
V2	0	pluse	0	1.8	10 ns	1 ps	1 ps	5 ns
V1	0	pluse	1.8	0	100 μs	1 ps	1 ps	12 ns
V0	0	pluse	1.8	0	100 μs	1 ps	1 ps	13 ns

7.3.2　数/模混合仿真接口的设置

（1）在 lab7 的单元 clk_fen 中新建一视图。视图名为 config,Open with 为 Hierarchy Editor,如图 7-2 所示。在随后弹出的窗口中,将 Top Cell 的 View 栏更改为 schematic,如图 7-3 所示。

图 7-2　新建视图　　　　　图 7-3　New Configuration 窗口

点击 Use Template 按钮,在弹出的菜单中选择 ams。点击 OK 按钮,选择在 Cadence Hierarchy Editor 中 Top Cell 的 Open 选项。

注意:config 视图在 Cadence 软件中有着重要的作用,在以后的实验项目中(电路版图后仿真)将会用到这一形式的视图。

（2）在随后打开的 clk_fen 原理图窗口中,首先确认打开的是 config 视图。若不是 config 视图,请关闭除 CIW 外的所有 Cadence 界面,重新打开 lab7 库中的单元 clk_fen 的 config 视图。

（3）仿真验证。

上述修改完成后从 clk_fen 的 config 原理图窗口中进入 ADE。进入方式为：选择 Launch→ADE L，然后开始在 ADE 中进行仿真环境的设置。

第一步，在 ADE 中，选择 Setup→Simulator/Directory/Host。在随后弹出的窗口中将 Simulator 栏更改为 ams。点击 OK 按钮以确认更改，如图 7-4 所示。

图 7-4　将 Simulator 栏更改为 ams

第二步，设置仿真用器件模型文件。选择 Setup→Model Library，确认 Model Library File 到/home/yangweili/gpdk090_flow/gpdk090_new/libs/gpdk090/…/…/models/spectre/gpdk090.scs，并且将 Section 设置为 NN，操作完成后点击 OK 按钮，如图 7-5 所示。

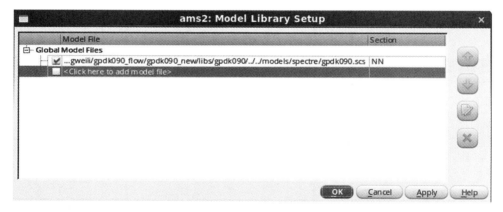

图 7-5　设置仿真用器件模型文件

第三步，设置数/模混合接口。选择 Setup→Connect Rules/IE Setup，设置 List of ConnectRules Used in Simulation 为 ConnRules_18V_full_fast，如图 7-6 所示。

第四步，设置仿真类型。如图 7-7 所示，选择 Analyses→Choose，在弹出的窗口中选择 tran，同时设置 Stop Time 为 10 u。在 Accuracy Defaults 中选择 moderate，然后点击 OK 按钮。这表明我们即将进行对电路从 0 时刻开始到 $10~\mu s$ 时刻结束的瞬态仿真。同时，仿真精度为中等精度。

第五步，选择仿真输出信号及其类型。选择 Outputs→To Be Plotted→Selected On Schematic，则弹出原理图，点击输入端口和输出端口的信号线。

第六步，设置基本数字单元所使用的 Verilog 门级模型的代码。选择 Simulation→AMS Simulator，在弹出的 AMS Options 窗口的 Library Files(-v)选项中输入/home/yangweili/gpdk090_flow/gpdk090_new/verilog/verilog.v，然后点击 OK 按钮，如图7-8

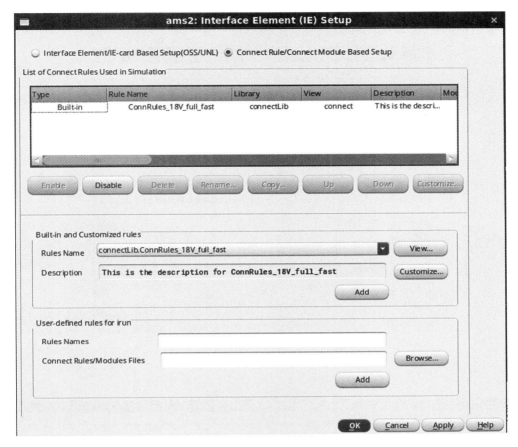

图 7-6　设置数/模混合接口

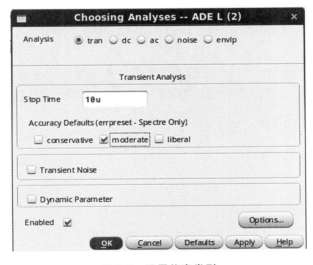

图 7-7　设置仿真类型

所示。

　　第七步,完成仿真,仿真结果如图 7-9 所示。

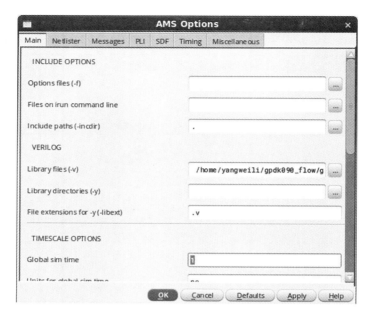

图 7-8　设置 Verilog 代码

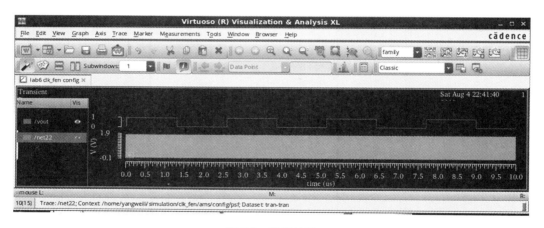

图 7-9　仿真结果

7.4　拓展实验

（1）如图 7-10 所示，对完成的 clk_fen 这个 256 分频器进行 Spectre 全模拟仿真（在 ADE 中的仿真设置与实验内容完全相同）。比较利用不同的仿真器来得到结果所耗费的时间。

（2）完成 lab7 中的单元（fulladder，见表 7-2 和表 7-3）的原理图绘制，并且利用 SpectreVerilog 仿真器对 fulladder 进行功能仿真验证。

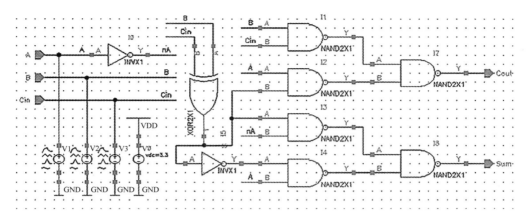

图 7-10 fulladder 电路图

表 7-2 fulladder 中所使用的器件

vsource	库	单 元
V0	analogLib	vdc
V1、V2、V3	analogLib	vsource
I0、I6	gsclib090	INVX1
I1、I2、I3、I4、I7、I8	gsclib090	NAND2X1
I5	gsclib090	XOR2X1

表 7-3 表 7-2 中激励源的设置

vsource	DC voltage	Scource type	Zero value	One value	Period	Rise time	Fall time	Pluse time
V0	1.8	dc						
V1	0	pluse	0	1.8	10 μs	1 ns	1 ns	5 μs
V2	0	pluse	0	1.8	20 μs	1 ns	1 ns	10 μs
V3	0	pluse	0	1.8	40 μs	1 ns	1 ns	20 μs

注意:仿真设置为瞬态仿真,仿真时间为 100 μs,仿真设置输出结点为 A、B、Cin、Cout 和 Sum。其中 A、B、Cin 输出模拟信号,Cout 和 Sum 输出数字信号。

8

Layout 环境设置与基本操作

8.1 实验目的

(1) 熟悉 Layout 设计环境。
(2) 掌握设置盲键的方法。
(3) 掌握 LSW 的使用。
(4) 掌握 Layout 设计的基本操作。

8.2 实验原理

8.2.1 版图编辑命令

版图视窗由菜单栏(Menu Banner)、状态栏(Status Banner)、图标菜单(Icon Menu)三部分组成。

Menu Banner 包含编辑版图所需的各项指令,并按相应的类别分组。几个常用的指令及相应的盲键如表 8-1 所示。

表 8-1 菜单栏的常用指令及盲键

常 用 指 令	含 义	盲 键	常 用 指 令	含 义	盲 键
Zoom In	放大	[z]	Zoom out by 2	缩小为原来窗口的1/2	[Z]
Save	保存编辑	[F2]	Delete	删除编辑	[Del]
Undo	取消编辑	[u]	Redo	恢复编辑	[U]
Move	移动	[m]	Stretch	伸缩	[s]
Rectangle	编辑矩形图形	[r]	Polygon	编辑多边形图形	[P]
Path	编辑布线路径	[p]	Copy	复制编辑	[c]

Status Banner 位于 Menu Banner 的上方,用于显示光标位置,当前位置与上一位置的相对位移、选择情况、当前编辑指令等状态信息。

Icon Menu 默认时位于版图窗口的左边,该菜单列出了一些最常用命令的图标。要查看图标所代表的指令,只需将鼠标滑动到想要查看的图标上,图标下方就会显示出相应的指令。

8.2.2 LSW

LSW 用于选择所编辑图形所在的层次,以及选择版图层次可视化。在 CMOS 电路的版图中,常用版图层次具体定义如表 8-2 所示。

表 8-2 常用版图层次

层次名称	说 明	层次名称	说 明
Nwell	N 阱	Metal1	第一层金属,用于水平布线,如电源和地
Active	有源区	Via	通孔,连接 Metal1 和 Metal2
Pselect	P 型注入掩膜	Metal2	第二层金属,用于垂直布线,如信号源的 I/O 端口
Nselect	N 型注入掩膜	Poly	多晶硅,做 MOS 的栅
Contact	引线孔,连接金属与多晶硅/有源区		

8.3 实验内容

8.3.1 设置 LSW

1. 设置当前绘制的版图

(1) 输入命令 cd gpdk090/lab8,进入 lab8 文件夹,然后打开 Cadence 软件。

(2) 在 CIW 中,选择 File→Open,参数设置如下:

Library Name   design

Cell Name   fiduciald

View Name   layout

完成后点击 OK 按钮。

(3) 选择 Create→Path 或按盲键[p],在 LSW 中,找到正在绘制的某层(某区域),当前层默认为 pwell dg。

(4) 在 LSW 中,用 LMB 点击 poly dg,在窗口顶部显示当前编辑层已经改变为 poly dg。

(5) 在版图设计窗口中,点击坐标为 $x=6.3$,$y=12.7$ 的点,再点击坐标为 $x=6.3$,$y=8.5$ 的点,并用 poly 实现两点之间的连接,按 Enter 键后,再按 Esc 键则退出该窗口。

2. 使用 Layer Tap Command

(1) 在 LSW 中,选择 Edit→Tap 或按盲键[t],在版图编辑窗口中,点击任意红色的 pads。

(2) 再点击此 pads,改变当前编辑层为 metal2。

(3) 选择 Create→Path 或按盲键[p],在版图设计窗口中,点击坐标为 $x=11.2$,$y=3.5$ 的点,再点击坐标为 $x=15$,$y=3.5$ 的点,并用 metal2 实现两点之间的连接,按 Enter 键。

(4) 在 Create Path 窗口中,点击 Cancel 按钮。

3. 版图可视化

（1）在 LSW 中，使用 MMB 点击 matal1 dg。若当前编辑层正好为 matal1 dg，则可任意选择另一层，如 poly dg；若当前编辑层已经可视，则选中的 matal1 dg 颜色变为灰色。

（2）在版图设计窗口中，选择 Window→Redraw，matal1 dg 不可视。

（3）在 LSW 中，使用 LMB 点击 NV，除了当前编辑层之外，其他层均不可视且颜色为灰色。

（4）在版图设计窗口中，选择 Window→Redraw，只有当前编辑层可视。

（5）在 LSW 中，使用 LMB 点击 AV，在版图设计窗口中，选择 Window→Redraw，所有层均可视。

（6）在 LSW 中，使用 MMB 点击 ndiff dg，设置当前层为 ndiff dg，在版图设计窗口中，选择 Window→Redraw，可以对 ndiff dg 进行编辑。

（7）在 LSW 中，使用 LMB 点击 AV，在版图设计窗口中，选择 Window→Redraw，使得每层均可视，最后选择 Design→Save 存档。

（8）LSW 中的可视化参数定义如下。

AV＝All View＝All Visible，所有层均可视。

NV＝No View＝None Visible，除去已选择层外，其他层均不可视。

AS＝All select＝All selectable，所有层全选。

NS＝No select＝None selectable，所有层均不选。

8.3.2 查看版图

在 CIW 中，选择 File→Open，参数设置如下：

Library Name	design
Cell Name	sample_pk44chip
View Name	layput

根据不同需要，可以使用各种命令查看版图。

1. Pan 命令

（1）选择 Window→Pan 或按 Tab 键，CIW 则会提示：Point at the center of the desired display。

（2）点击 in1 pad，将 in1 置于窗口中央位置。

（3）点击 RMB，重复 Pan 命令，留意 CIW 提示的变化。

（4）使用 LMB 点击 vcap pad（如果在图中看不到 vcap pad，可通过点击设计窗口右方来找到 vcap pad）。

（5）返回 in1 pad，选择 Window→Utilities→Previous View 或按盲键［w］。

（6）选择 Window→Fit All 或按盲键［f］，将设计窗口调整至合适位置。

2. Zoom 命令

（1）选择 Window→Zoom→Out by 2 或按盲键［Z］，可实现窗口缩小为原窗口的 1/2。

（2）选择 Window→Zoom→In by 2 或按盲键［˘z］，可实现窗口的恢复。

（3）选择 Window→Zoom→In 或按盲键［z］，使用 LMB 点击想要放大区域的左上角与右下角，可实现选定区域的放大。

（4）使用 RMB 在想要放大区域周围画选择框，松开 RMB 即可实现选定区域的放大。

（5）关闭 pk44chip 版图设计窗口。

8.3.3　其他版图设计命令

在 CIW 中，选择 File→Open，参数设置如下：

$$
\begin{aligned}
&\text{Library Name}\quad\text{design}\\
&\text{Cell Name}\quad\quad\text{editing}\\
&\text{View Name}\quad\quad\text{layout}
\end{aligned}
$$

点击 OK 按钮，打开 editing 版图设计窗口，通过使用相应命令可以实现对 editing 版图的设计（见图 8-1 至图 8-16）。

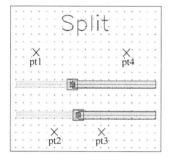

图 **8-1**　Split 命令

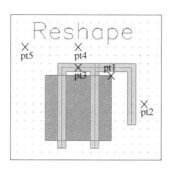

图 **8-2**　Reshape 命令

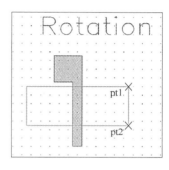

图 **8-3**　Rotate 命令

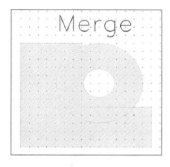

图 **8-4**　Merge 命令

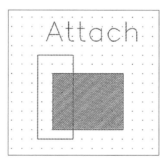

图 **8-5**　Attach/Detach 命令

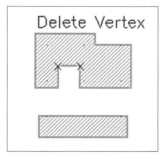

图 **8-6**　Delete Vertex 命令

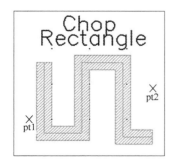

图 **8-7**　Chop Rectangle 命令

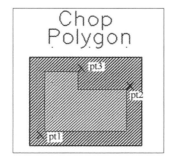

图 **8-8**　Chop Polygon 命令

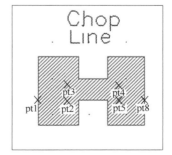

图 **8-9**　Chop Line 命令

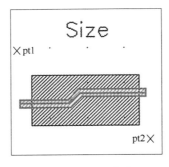

图 8-10　Size 命令

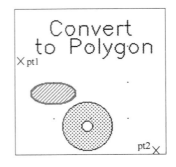

图 8-11　Convert to Polygon 命令

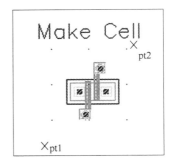

图 8-12　Make Cell 命令

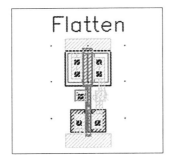

图 8-13　Flatten 命令

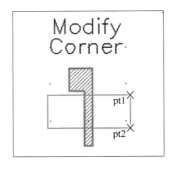

图 8-14　Modify Corner 命令

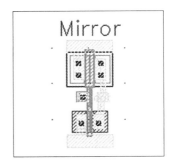

图 8-15　Mirror 命令

图 8-16　Yank 命令

1. Split 命令

（1）选择 Window→Zoom→In 或按盲键[z]，在版图中选择 Split 模块的外框，再选择 Edit→Other→Split 或按盲键[^s]，改变 Snap Mode 为 anyAngle。

（2）按 Shift 键，依次选择 Split 模块中的所有单元（共有 6 项），在 CIW 中，提示点击 split line 的第一个点。

（3）依次点击版图中的 pt1、pt2、pt3、pt4，完成三条线段的连接，在 pt4 处双击 LMB，可以看到被三条线段所包围选中（或切割）的线条和结点以黄色高亮显示。

（4）使用鼠标可以拉伸黄色高亮显示的部分，使得结点 contact 在线段左右端点间移动。

（5）使用盲键[^d]，就可取消选择。

（6）选择 Window→Fit All，调整窗口至合适位置。

2. Reshape 命令

（1）选择 Window→Zoom→In 或按盲键［z］，在版图中放大 Reshape 模块。

（2）选择 Edit→Reshape 或按盲键［R］，在 Reshape 窗口中，改变设置 Reshape Type 为 rectangle，在 Reshape 版图中，使用 LMB 点击绿色的矩形扩散框，使其以黄色高亮显示。

（3）在 Reshape 版图中，依次点击 pt1 与 pt2，然后点击 RMB（点击两次则可还原），图形以高亮显示。

（4）在版图空白处点击 LMB，选择的图形转换为多边形，实现了 Reshape。

（5）在版图中选择 U 形 poly 连线，依次点击 pt3、pt4、pt5（双击 pt5）三点，然后点击 RMB，在版图空白处再点击 LMB，选择的图形转换为多边形，实现了 Reshape。

（6）按 Esc 键，退出 Reshape 命令。

（7）选择 Window→Fit All，调整窗口至合适位置。

3. Rotate 命令

（1）选择 Window→Zoom→In 或按盲键［z］，在版图中放大 Rotate 模块。

（2）使用 LMB 选择版图中红色的多边形，选择 Edit→Other→Rotate 或按盲键［O］，再次选择红色多边形，随着鼠标的移动，可实现对所选图形的任意旋转。

（3）在 Rotate 窗口中，将 Angle Snap 的设置改为 1，在 Rotate Angle 区域输入 30，最后点击 Apply 按钮。

（4）在版图中，发现多边形逆时针旋转了 30°。

（5）点击 Cancel 按钮，选择 Window→Fit All，调整窗口至合适位置。

4. Merge 命令

（1）选择 Window→Zoom→In 或按盲键［z］，在版图中放大 Merge 模块。

（2）选择 Edit→Merge 或按盲键［M］，按 Shift 键同时选择多边形与圆，将两者合为一体。

（3）按 Esc 键退出，选择 Window→Fit All，调整窗口至合适位置。

5. Attach/Detach 命令

（1）选择 Window→Zoom→In 或按盲键［z］，在版图中放大 Attach 模块。

（2）选择 Edit→Other→Attach/Detach 或按盲键［v］，点击绿色矩形框，以高亮显示。

（3）使用 LMB 点击指向紫色矩形框，完成 Attach 命令。

（4）选择 Edit→Move 或按盲键［m］，移动紫色矩形框，发现绿色矩形框也跟着一起移动，这证明绿色矩形框与紫色矩形框合为一体了。

（5）选择 Edit→Other→Attach/Detach 或按盲键［v］，点击绿色矩形框，然后在空白处点击 LMB，完成 Detach 命令。

（6）再次选择 Edit→Move 或按盲键［m］，移动紫色矩形框，发现绿色矩形框并未移动，这证明绿色矩形框与紫色矩形框已经分离了。

（7）按 Esc 键退出，选择 Window→Fit All，调整窗口至合适位置。

6. Delete Vertex **命令**

（1）选择 Window→Zoom→In 或按盲键[z]，在版图中放大 Delete Vertex 模块。

（2）选择 Edit→Delete，使用 LMB 点击红色矩形框，完成 Delete 命令。

（3）按 Esc 键退出，选择 Window→Fit All，调整窗口至合适位置。

7. Chop Rectangle **命令**

（1）选择 Window→Zoom→In 或按盲键[z]，在版图中放大 Chop Rectangle 模块。

（2）选中蓝色的条状路径图。

（3）选择 Edit→Other→Chop 或按盲键[C]，在 Chop 窗口中将 Chop Shape 改为 rectangle。

（4）选中 pt1 并拖动一个矩形框，将其拖动到 pt2 处，就切割出一个矩形。

（5）按 Esc 键退出，选择 Window→Fit All，调整窗口至合适位置。

8. Chop Polygon **命令**

（1）选择 Window→Zoom→In 或按盲键[z]，在版图中放大 Chop Polygon 模块。

（2）选择黄色矩形框。

（3）选择 Edit→Other→Chop 或按盲键[C]，将 Chop Shape 改为 polygon，将 Snap Mode 改为 L90XFirst。

（4）点击 pt1 与 pt2，为完成多边形的切割，在 pt3 处双击鼠标左键，就在矩形框上覆盖了一个多边形区域。

（5）按 Esc 键退出，选择 Window→Fit All，调整窗口至合适位置。

9. Chop Line **命令**

（1）选择 Window→Zoom→In 或按盲键[z]，在版图中放大 Chop Line 模块。

（2）选中绿色矩形区域。

（3）选择 Edit→Other→Chop 或按盲键[C]，将 Chop Shape 改为 Line，将 Snap Mode 改为 diagonal。

（4）点击 LMB，并依次点击 pt1 至 pt5，并在 pt6 处进行双击以完成布线。

（5）按 Esc 键退出，选择 Window→Fit All，调整窗口至合适位置。

10. Size **命令**

（1）选择 Window→Zoom→In 或按盲键[z]，在版图中放大 Size 模块。

（2）选择 Edit→Other→Size 在 Size 表格中，将 Size Value 改为 5。

（3）点击 pt1 并拖动鼠标至 pt2 处，围绕绿色矩形框拖出一个矩形。

（4）按 Esc 键退出，选择 Window→Fit All，调整窗口至合适位置。

11. Convert to Polygon **命令**

（1）选择 Window→Zoom→In 或按盲键[z]，在版图中放大 Convert to Polygon 模块。

（2）选择 Edit→Other→Convert to Polygon。

（3）点击 pt1 并从此处拖动一个能包围所有器件的矩形框至 pt2，所选框内的图形变成了多边形。

（4）按 Esc 键退出，选择 Window→Fit All，调整窗口至合适位置。

12. Make Cell 命令

（1）选择 Window→Zoom→In，或按盲键[z]，在版图中放大 Make Cell 模块。

（2）选择 Edit→Hierarchy→Make Cell，并进行如下设置：

$$
\begin{array}{ll}
\text{Library} & \text{Name} & \text{design} \\
\text{Cell} & \text{Name} & \text{mycell} \\
\text{View} & \text{Name} & \text{layout}
\end{array}
$$

Replace Figures 选项使所选的器件由所创建的器件取代。

（3）点击 pt1 并从此处拖动一个矩形框至 pt2。

（4）在 Make Cell 表格中点击 OK 按钮，就创建了一个包含高亮器件的命名为 mycell 的新单元。

（5）按 Esc 键退出，选择 Window→Fit All，调整窗口至合适位置。

13. Flatten 命令

（1）选择 Window→Zoom→In 或按盲键[z]，在版图中放大 Flatten 模块。

（2）按 Ctrl+f 键，选择 Edit→Hierarchy→Flatten，并将 Flatten Mode 修改为 one level，选择 Flatten Pcell。

（3）用鼠标左键选中 INV 器件并点击 Apply 按钮。

（4）按 Shift+f 键，在 Flatten 表格中将 Flatten Mode 修改为 displayed levels。

（5）在器件周围拖出一个选择框，点击 OK 按钮。

（6）按 Esc 键退出，选择 Window→Fit All，调整窗口至合适位置。

14. Modify Corner 命令

（1）选择 Window→Zoom→In 或按盲键[z]，在版图中放大 Modify Corner 模块。

（2）选择 Edit→Other→Modify Corner。

（3）按 F4 键并点击 pt1，然后在 Modify Corner 表格中点击 Apply 按钮，则该角就变为有弧度的角。

（4）在 Modify Corner 表格中将 Type of Corner 改为 chamfer，并点击 pt2。

（5）在 Modify Corner 表格中点击 OK 按钮。

（6）按 Esc 键退出，选择 Window→Fit All，以调整窗口至合适位置。

15. Mirror 命令

（1）选择 Window→Zoom→In 或按盲键[z]，在版图中放大 Mirror 模块。

（2）选择 Edit→Move 或按盲键[m]，并选中反相器这一器件。

（3）在 Move 表格中选择 Upside Down，器件在 X 轴方向镜像；在 Move 表格中选择 Sideways，器件在 Y 轴方向镜像，点击界面以放置该器件。

（4）按 Esc 键退出，选择 Window→Fit All，调整窗口至合适位置。

16. Yank 命令

（1）选择 Window→Zoom→In 或按盲键[z]，在版图中放大 Yank 模块，并选中两个器件。

（2）选择 Edit→Other→Yank 或按盲键［y］,点击 pt1 并从此处拖动一个矩形框至 pt2。

（3）选择 Edit→Other→Paste 或按盲键［Y］,点击并放置所复制的版图。

（4）按 Esc 键退出,选择 Window→Fit All,调整窗口至合适位置。

8.4 拓展实验

找出 design 库中的 amplifier 版图层次,列出所有版图层次与其名称的对应关系。

9

MOS 版图设计

9.1 实验目的

（1）掌握 MOS 版图设计规则。

（2）熟悉 LSW 设计环境。

（3）掌握 MOS 版图设计方法。

9.2 实验原理

MOS 单元版图设计是整个版图设计的基础。根据工艺文件提供的版图设计规则，可以以几何绘图的方式完成版图设计。在具体设计版图之前，要进行准备工作：在 Library Manager 中建立 NMOS 版图视图；打开 Layout Suite L Editing 窗口，并熟悉相应的菜单命令；建立工艺库所需的版图层次及其显示属性；设置版图设计环境下的盲键等。以上工作在以前的实验项目中已经完成。下面我们将在给定的设计规则上进行 NMOS 等基本器件的版图设计。

9.3 实验内容

9.3.1 NMOS 版图设计

下面，我们以宽长比为 650nm/100nm 的 NMOS（见图 9-1）和 PMOS（见图 9-2）为例来进行 NMOS 版图设计。

1. NMOS 版图设计规则

NMOS 版图设计规则如下：

① Nimp 过覆盖 Oxide 0.14 μm；

② Oxide 过覆盖 Contact 0.06 μm；

③ 最小 Contact 宽度 0.12 μm；

④ Contact 间距 0.14 μm；

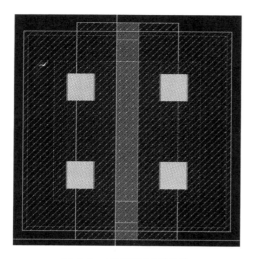

图 9-1　NMOS 版图结构

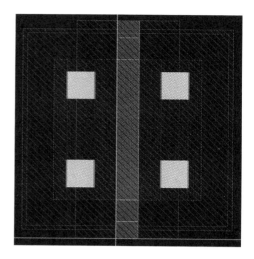

图 9-2　PMOS 版图结构

⑤ Contact 与栅间距 0.1 μm；

⑥ Poly 超出 Oxide 0.18 μm；

⑦ Metal 过覆盖 Contact 0.06 μm；

⑧ NMOS 的宽度 650 nm；

⑨ NMOS 的长度 100 nm。

注意：⑦与⑧所限定的器件尺寸不属于设计规则，在此列出仅为设计方便。

2. 创建 NMOS 视图

（1）在 CIW 中，选择 File→Open，参数设置如下：

$$Library\ Name\quad lab9$$
$$Cell\ Name\quad nmos$$
$$View\ Name\quad layout$$

（2）点击 OK 按钮，打开 Design 的空白窗口，以下编辑将实现如图 9-1 所示的 NMOS 版图结构。

（3）在 LSW 中，选择 Poly drw 作为当前编辑层。

（4）选择 Create→Path 或按盲键[p]，绘制多晶硅栅体。

（5）在 lab9 窗口中点击 LMB，从坐标原点 $(x=0, y=0)$ 到点 $(x=0.1, y=1.01)$ 用 poly 连线，之后双击 LMB 或按 Return（或 Enter）键，就可完成栅体的绘制。

（6）在 LSW 中，选择 Nimp drw 层为当前编辑层，选择 Create→Rectangle 或按盲键[r]，绘制扩散区。

（7）在 lab9 中选择不在同一直线上的任意两点，点击 LMB 形成矩形扩散区，在后续操作中可对矩形形状进行调整。

3. 调整 Nimp 与 Poly path

（1）选择 Window→Create Ruler 或按盲键[k]，在设计窗口中加入 Ruler，以便精确控制版图尺寸。

（2）按 Return 键或点击 LMB 以完成对 Ruler 的添加，可选择 Window→Clear All Rulers 或按盲键[K]以完成对 Ruler 的删除。

（3）选择 Edit→Stretch 或按盲键[s]，在设计窗口中，使用 LMB 选择需要调整的目标或目标的一部分，选择后以高亮显示，拖动鼠标至合适位置后释放，完成对目标大小的调整。

注意：调整 path 时，确保只有 path 的中线高亮显示，否则，有可能将 path 的宽度也进行了调整。

4. 绘制 Source 与 Drain

（1）在 LSW 中，选择 Matal1 作为当前编辑层，选择 Create→Rectangle 或按盲键[r]，绘制一个矩形，用于进行源区的金属连接。

（2）在 LSW 中，选择 Oxide drw 作为当前编辑层，选择 Create→Rectangle 或按盲键[r]，绘制两个正方形作为源区。

（3）在 LSW 中，选择 Cont drw 作为当前编辑层，选择 Create→Rectangle 或按盲键[r]，绘制两个正方形作为源区接触孔。

（4）按照设计规则，调整 Cont drw 与 Matal1 的位置。

（5）同时选择 Cont drw 与 Matal1（选择一个目标后按 Shift 键，继续选择其他目标，操作与 Windows 系统的相同），选择 Edit→Copy 或按盲键[c]。因为 MOS 的对称性，故可通过拷贝完成对漏区的绘制。

（6）点击高亮显示的被选目标以实现拷贝，在空白处点击 LMB 以实现粘贴。

（7）按照设计规则，利用 Ruler 和 Stretch 调整版图尺寸。

（8）选择 Options→Display 或按盲键[e]，点击 Axes，选择 Edit→Move 或按盲键[m]。

（9）选择所有 NMOS 版图的组件，并将其放置到合适位置。

（10）完成绘制后，选择 Design→Save，关闭窗口。

5. 完成的 NMOS 的最终尺寸

NMOS 的各种物质层的坐标如表 9-1 所示。

表 9-1　NMOS 的各种物质层的坐标

物　质　层	坐　标			
	左下		右上	
	x	y	x	y
Poly	0	0	0.1 μm	1.01 μm
Oxide(1)	$-0.28\ \mu m$	0.18 μm	0	0.83 μm
Oxide(2)	0.1 μm	0.18 μm	0.38 μm	0.83 μm
Metal1(1)	$-0.22\ \mu m$	0.18 μm	$-0.1\ \mu m$	0.83 μm
Metal1(2)	0.2 μm	0.18 μm	0.32 μm	0.83 μm
Nimp(1)	$-0.42\ \mu m$	0.04 μm	0.52 μm	0.97 μm
Nimp(2)	$-0.18\ \mu m$	0	0.28 μm	1.01 μm
PWdummy	$-0.4\ \mu m$	0.06 μm	0.5 μm	0.95 μm

注:Cont 没有在表 9-1 中体现,该物质要均匀放置在 Metal1 中,同时其尺寸都为 0.12 μm×0.12 μm,间距为 0.14 μm。

9.3.2 PMOS 版图设计

由于 MOS 尺寸与制造工艺的对称性,故可以从 NMOS 出发,通过改变器件尺寸与工艺的方法,相对简单地绘制出 PMOS。当然,也可从基本设计规则出发,与绘制 NMOS 一样来完成对 PMOS 的绘制。

1. PMOS 版图设计规则

PMOS 版图设计规则如下:

① Pimp 过覆盖 Nwell 0.02 μm;

② Pimp 过覆盖 Oxide 0.14 μm;

③ Oxide 过覆盖 Contact 0.06 μm;

④ 最小 Contact 宽度 0.12 μm;

⑤ Contact 间距 0.14 μm;

⑥ Contact 与栅间距 0.1 μm;

⑦ Poly 超出 Oxide 0.18 μm;

⑧ Metal 过覆盖 Contact 0.06 μm;

⑨ PMOS 的 Width 650 nm;

⑩ PMOS 的 Length 100 nm。

注意:⑨与⑩所限定的器件尺寸不属于设计规则,在此列出仅为设计方便。

2. 拷贝 NMOS

(1) 在 CIW 中,选择 Tools→Library Manager,点击 Library 中的 lab9 并点亮之前绘制的 NMOS。

(2) 选择 MMB→Copy,弹出 Copy 窗口。

(3) 在 To section 的空白 Cell text 中,输入 pmos,点击 OK 按钮。

(4) 在 lab9 库中打开 PMOS 视图。

3. 创建 PMOS 视图

(1) 在设计窗口中,点击 Nimp drw rectangle,选择 Edit→Properties 或按盲键 [q],在 Edit Rectangle Properties 窗口中,点击 Nimp drw,出现所有有效的版图层次,接着选择 Pimp drw 并点击 OK 按钮,设置坐标。

(2) 点击选中 Nwell drw 矩形,选择 Create→Layer Generation,在弹出的 Layer Generation 窗口中,设置为 Nwell drw   GROW BY   0.02 ＝Pimp drw。

注意:由于 NMOS 与 PMOS 设计规则不同,根据 PMOS 设计规则①,本步骤旨在产生一个比 Nwell drw 矩形尺寸大 0.02 μm 的 Pimp drw 版图层次。

(3) 仔细校对版图规则,最终图形如图 9-2 所示,完成后选择 Design→Save 并关闭设计窗口。

4. 完成的 PMOS 的最终尺寸

PMOS 的各种物质层的坐标如表 9-2 所示。

表 9-2 PMOS 的各种物质层的坐标

物 质 层	坐　标			
	左下		右上	
	x	y	x	y
Poly	0	0	0.1 μm	1.01 μm
Oxide$_{(1)}$	-0.28 μm	0.18 μm	0	0.83 μm
Oxide$_{(2)}$	0.1 μm	0.18 μm	0.38 μm	0.83 μm
Metal1$_{(1)}$	-0.22 μm	0.18 μm	-0.1 μm	0.83 μm
Metal1$_{(2)}$	0.20 μm	0.18 μm	0.32 μm	0.83 μm
Pimp$_{(1)}$	-0.42 μm	0.04 μm	0.52 μm	0.97 μm
Pimp$_{(2)}$	-0.18 μm	0	0.28 μm	1.01 μm
Nwell	-0.4 μm	0.06 μm	0.5 μm	0.95 μm

注意:Cont 没有在表 9-1 中体现,该物质要均匀放在 Metal1 中,同时其尺寸都为 0.12 μm×0.12 μm,间距为 0.14 μm。

9.4 拓展实验

(1) 依靠实验项目中给的规则,完成宽长比为 430 nm/100 nm 的 NMOS 版图设计。

(2) 依靠实验项目中给的规则,完成宽长比为 120 nm/100 nm 的 PMOS 版图设计。

BJT 版图设计

10.1 实验目的

(1) 掌握 BJT 版图设计规则。
(2) 熟悉 LSW 设计环境。
(3) 掌握 BJT 版图设计方法。

10.2 实验原理

双极型电路是由 NPN 型晶体管、PNP 型晶体管及电阻和电容组成的电路。这种集成电路诞生于 1958 年,在各类集成电路中存在的时间是最长的。现在,虽然 CMOS 集成电路已经占据世界集成电路市场 90% 的份额,但由于双极型集成电路的速度快、稳定性好、负载能力强,其仍有广泛的应用。双极型集成电路既可以制作数字集成电路,也可以制作模拟集成电路。

10.2.1 NPN 型晶体管

NPN 型晶体管在集成电路版图设计中有 4 种常用的图形,如图 10-1 所示。下面简单地说明它们的区别。

1. 单基极条形

这是集成电路中最常用的图形之一。它的发射区有效长度较小,因此允许通过的最大电流较小。另外由于其面积可以做得很小,故它具有较高的特征频率。但单基极条形集成电路,会使基极电阻增大,这对提高晶体管的最高振荡频率及减小晶体管的噪声都是不利的。因此这种图形的集成电路适用于通过电流较小而特征频率较高的电路。

2. 双基极条形

这也是集成电路中最常用的图形之一。与单基极条形集成电路相比,当两者发射区长度和宽度一致时,双基极条形集成电路的发射区有效长度大一倍,它允许通过的最大电流也大一倍。双基极条形集成电路的面积略大于单基极条形集成电路的,且其特

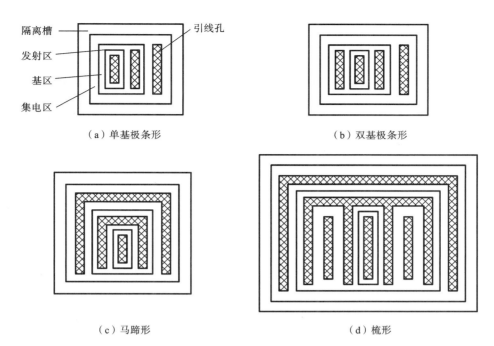

（a）单基极条形　　　　　　　　　（b）双基极条形

（c）马蹄形　　　　　　　　　　（d）梳形

图 10-1　常用的图形

征频率稍有降低,但由于其基极电阻是单基极条形集成电路的一半,故其最高频率比单基极条形集成电路的要高。

3. 马蹄形

这也是集成电路中最常用的图形之一。与双基极条形集成电路相比,在发射区长度和宽度相同的情况下,允许通过的最大电流大致相同,基极电阻也大致相同。这种马蹄形集成电路的特点是集电极串联电阻小,因此在数字集成电路中输出管的图形常设计成这种形式。

4. 梳形

这种图形的集成电路的最大特点是允许通过的电流较大,且能保持频率特性。这是由于梳形集成电路虽然发射极的周长增加了,但基极电阻减小了,故使最高振荡频率仍然可以达到很高。然而这种图形的集成电路的发射区很窄,发射区与基区的间距又很小,故在工艺上对制版及光刻的要求很高:不仅要求能制出细线条的掩膜板,而且要求各块掩膜板相互套准也很好。

10.2.2　PNP 型晶体管

PNP 型晶体管的种类很多,下面主要介绍集成电路版图设计中常用的横向 PNP 型晶体管和衬底 PNP 型晶体管。

1. 横向 PNP 型晶体管

典型的横向 PNP 型晶体管的结构如图 10-2 所示。其中,图 10-2(a)为工艺复合图,图 10-2(b)为横截面图。由于晶体管的作用主要发生在平行于其表面的方向,所以称为横向 PNP 型晶体管。它的制作工艺与 NPN 型晶体管的完全兼容,无须附加工序。

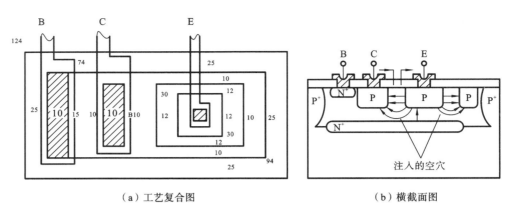

（a）工艺复合图　　　　　　　　　（b）横截面图

图 10-2　横向 PNP 型晶体管的结构

在进行 NPN 型晶体管基区掺杂的同时形成它的发射区和集电区,基区就是 N 型外延层,基区接触在 NPN 型晶体管发射区掺杂时完成。为了减小从发射区到衬底的寄生 PNP 型晶体管效应,必须加隐埋层。

横向 PNP 型晶体管的基区宽度比较大,由于它的特征频率不容易达到很高,因此该晶体管只能用于低频电路。

横向 PNP 型晶体管的发射区和 N 型外延层、P 型衬底形成一个寄生的纵向 PNP 型晶体管,该晶体管始终处于正向工作区,这将降低横向 PNP 型晶体管的电流增益。由于只有从发射区侧面注入的载流子才对横向 PNP 型晶体管的增益有贡献,而从发射区底部注入的空穴只对纵向 PNP 型晶体管的 β 有贡献,所以在设计横向 PNP 型晶体管时,应该使集电区包围发射区,并使集电极尽可能多地收集从发射区侧向注入的空穴。而为了提高发射区横向注入的比例,要求它的侧面积增加,底面积减小,以使有效增益增加。当工作电流较小时,发射区使用最小的几何尺寸,且考虑到开接触孔,发射区图形一般为正方形;工作电流较大时则采用长方形。为了减小表面负荷的影响并获得均匀的表面横向基区宽度,将图形的四个角改为弧角,有时甚至采用圆形发射极图形。

2. 衬底 PNP 型晶体管

衬底 PNP 型晶体管的制作工艺与 NPN 型晶体管的完全兼容,它利用 P 型衬底作为集电区,集电极从隔离框上引出,N 型外延层作为基区,在它上面扩散 N⁺ 层来作电极。衬底 PNP 型晶体管的结构如图 10-3 所示。

衬底 PNP 型晶体管的作用发生在纵向,因此称为纵向晶体管。它的各个截面比较平坦,发射区面积又很大,工作电流比横向 PNP 型晶体管的大,并且可用增大发射区面积或多个发射极并联的方法来增大临界电流。由于衬底作为集电区,不存在寄生晶体管效应,故无须隐埋层。

衬底 PNP 型晶体管的 P 型衬底的电阻率比外延层的高,所以集电极在反向偏置时势垒区主要向集电区(衬底)方向扩展,由于不易产生贯通,故耐压较高,可以用于输出级。由于没有寄生 PNP 型晶体管,衬底 PNP 型晶体管的电流放大系数和特征频率都比横向 PNP 型晶体管的大,但与一般 NPN 型晶体管的相比仍然小很多,通常也只能用于低频电路。另外,衬底 PNP 型晶体管的 P 型衬底作为集电区使用,而 P 型衬底在电

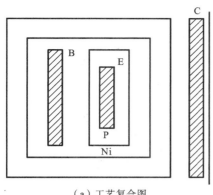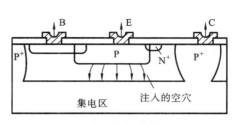

（a）工艺复合图 　　　　　　　　　　（b）横截面图

图 10-3　衬底 PNP 型晶体管的结构

路中总是接地的,所以这种晶体管只能用于集电极接地的电路中。

10.3　实验内容

10.3.1　NPN 型晶体管版图设计

1. NPN 型晶体管版图设计规则

NPN 型晶体管版图设计规则如下:

① NPNdummy 过覆盖 Nwell 0.02 μm;

② Nwell 过覆盖 Nimp 0.04 μm;

③ Nimp 过覆盖 Oxide 0.14 μm;

④ Pimp 过覆盖 Oxide 0.14 μm;

⑤ Metal 过覆盖 Contact 0.06 μm;

⑥ Oxide 过覆盖 Contact 0.06 μm;

⑦ 最小 Contact 宽度 0.12 μm;

⑧ Contact 间距 0.14 μm。

2. 创建 NPN 型晶体管视图

(1) 在 CIW 中,选择 File→New 来新建 NPN 型晶体管的版图单元,相应的参数设置如下:

$$\begin{array}{ll}\text{Library Name} & \text{lab10}\\ \text{Cell Name} & \text{NPN\_layout}\\ \text{View Name} & \text{layout}\end{array}$$

点击 OK 按钮,打开 NPN_layout 的空白窗口,以下编辑将实现 NPN 型晶体管版图结构(见图 10-4)。

(2) 在 LSW 中,选择 NPNdummy drw 作为当前编辑层。

(3) 在版图编辑窗口中,选择 Create→Rectangle 或按盲键[r],在坐标原点($x=0$, $y=0$)到点($x=2.92$,$y=1$)的区域绘制 NPNdummy,完成 NPN 型晶体管版图区域的绘制。

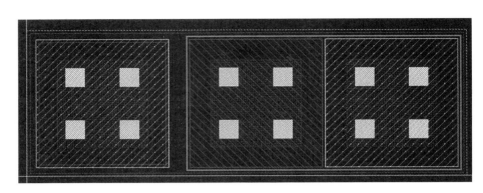

图 10-4　NPN 型晶体管版图结构

（4）下面对 NPN 型晶体管中的集电极进行绘制。为了完成该项工作，我们需要连续绘制 Nwell、Nimp、Oxide 等 3 种物质层。NPN 型晶体管的集电极的位置为上述 3 种物质层的共有区域。

① 在 LSW 中，选择 Nwell drw 作为当前编辑层。在版图编辑窗口中，点击 Rectangle 按钮，在点$(x=0.08,y=0.08)$到点$(x=0.92,y=0.92)$的矩形区域绘制 Nwell。

② 在 LSW 中，选择 Nimp drw 作为当前编辑层。在版图编辑窗口中，点击 Rectangle 按钮，在点$(x=0.06,y=0.06)$到点$(x=0.94,y=0.94)$的矩形区域绘制 Nimp。

③ 在 LSW 中，选择 Oxide drw 作为当前编辑层。在版图编辑窗口中，点击 Rectangle 按钮，在点$(x=0.2,y=0.2)$到点$(x=0.8,y=0.8)$的矩形区域绘制 Oxide。

（5）绘制 NPN 型晶体管的基级。NPN 型晶体管的基级由 Pimp 和 Oxide 构成，其尺寸如下。

① Pimp：点$(x=1.08,y=0.06)$到点$(x=1.96,y=0.94)$的矩形区域。

② Oxide：点$(x=1.22,y=0.2)$到点$(x=1.82,y=0.8)$的矩形区域。

（6）绘制 NPN 型晶体管的发射级。NPN 型晶体管的发射级由 Nimp 和 Oxide 构成，其尺寸如下。

① Pimp：点$(x=1.98,y=0.06)$到点$(x=2.86,y=0.94)$的矩形区域。

② Oxide：点$(x=2.12,y=0.2)$到点$(x=2.72,y=0.8)$的矩形区域。

（7）利用接触孔和金属一层将完成的 NPN 型晶体管的三个接口信号引出，在完成这个步骤时请注意相应的版图设计规则。

3. 完成的 NPN 型晶体管的最终尺寸

表 10-1 列出了 NPN 型晶体管的各种物质层的坐标。

表 10-1　NPN 型晶体管的各种物质层的坐标

物　质　层	坐　标			
	左下		右上	
	x	y	x	y
NPNdummy	0	0	2.92 μm	1 μm
Nwell	0.08 μm	0.08 μm	0.92 μm	0.92 μm
Nimp	0.06 μm	0.06 μm	0.94 μm	0.94 μm

续表

物 质 层	坐 标			
	左下		右上	
	x	y	x	y
Pimp(1)	1.08 μm	0.06 μm	1.96 μm	0.94 μm
Pimp(2)	1.98 μm	0.06 μm	2.86 μm	0.94 μm
Oxide(1)	0.2 μm	0.2 μm	0.8 μm	0.8 μm
Oxide(2)	1.22 μm	0.2 μm	1.82 μm	0.8 μm
Oxide(3)	2.12 μm	0.2 μm	2.72 μm	0.8 μm

注意：NPN 型晶体管版图中的 Cont 和 Metal1 没有在表 10-1 中标明，请同学们按照相应的版图设计规则完成这两种物质层的绘制。

10.3.2 横向 PNP 型晶体管版图设计

1. 横向 PNP 型晶体管版图设计规则

横向 PNP 型晶体管版图设计规则如下：

① Nwell 过覆盖 PNPdummy 0.1 μm；

② Nimp 过覆盖 Nwell 0.02 μm；

③ Nimp 过覆盖 Oxide 0.14 μm；

④ Pimp 过覆盖 Oxide 0.14 μm；

⑤ Metal 过覆盖 Contact 0.06 μm；

⑥ Oxide 过覆盖 Contact 0.06 μm；

⑦ 最小 Contact 宽度 0.12 μm；

⑧ Contact 间距 0.14 μm。

2. 创建横向 PNP 型晶体管视图

(1) 在 CIW 中，选择 File→New 来新建横向 PNP 型晶体管的版图单元，相应的参数设置如下：

$$Library\ Name\quad lab10$$
$$Cell\ Name\quad PNP\_layout$$
$$View\ Name\quad layout$$

点击 OK 按钮，打开 PNP_layout 的空白窗口，以下的编辑操作将实现横向 PNP 型晶体管版图结构（见图 10-5）。

(2) 在 LSW 中，选择 PNPdummy drw 作为当前编辑层。然后在点（$x=0.18, y=1.2$）到点（$x=0.82, y=2.74$）的区域绘制 PNPdummy，完成 PNP 型晶体管的版图区域的绘制。

(3) 绘制横向 PNP 型晶体管的集电极。横向 NPN 型晶体管的集电极由 Pimp 和 Oxide 构成。同时利用 Metal1 和 Cont 将集电极的信号引出到金属一层上以利于布线，其尺寸如下。

① Pimp：点（$x=0.06, y=1.98$）到点（$x=0.94, y=2.86$）的矩形区域。

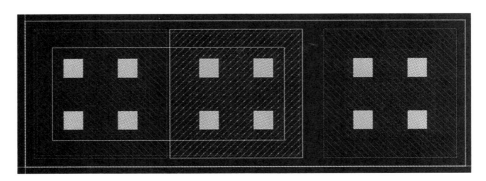

图 10-5　横向 PNP 型晶体管版图结构

② Oxide：点($x=0.2$，$y=2.12$)到点($x=0.8$，$y=2.72$)的矩形区域。

③ Metal1：点($x=0.2$，$y=2.12$)到点($x=0.8$，$y=2.72$)的矩形区域。

④ Cont：点($x=0.26$，$y=2.54$)到点($x=0.38$，$y=2.66$)的矩形区域。

（4）绘制横向 PNP 型晶体管的阱区，利用 Nwell 完成，其尺寸为点($x=0.08$，$y=1.1$)到点($x=0.92$，$y=2.84$)的矩形区域。

（5）绘制横向 PNP 型晶体管的基级，横向 PNP 型晶体管的基级由 Nwell 上的 Nimp 和 Oxide 共同作用产生。Nimp 和 Oxide 的尺寸如下。

① Nimp：点($x=0.06$，$y=1.08$)到点($x=0.94$，$y=1.96$)的矩形区域。

② Oxide：点($x=0.2$，$y=1.22$)到点($x=0.8$，$y=1.82$)的矩形区域。

同时，还需要利用 Metal1 和 Cont 将基级的信号引出到金属一层上以利于布线。

（6）绘制横向 PNP 型晶体管的发射级，横向 PNP 型晶体管的发射级由 Nwell 上的 Pimp 和 Oxide 共同作用产生。Pimp 和 Oxide 的尺寸如下。

① Pimp：点($x=0.06$，$y=0.06$)到点($x=0.94$，$y=0.94$)的矩形区域。

② Oxide：点($x=0.2$，$y=0.2$)到点($x=0.8$，$y=0.8$)的矩形区域。

同时，还需要利用 Metal1 和 Cont 将基级的信号引出到金属一层上以利于布线。

（7）Psub：点($x=0$，$y=0$)到点($x=1$，$y=2.92$)的矩形区域。

3. 最终完成的横向 PNP 型晶体管的最终尺寸

表 10-2 列出了横向 PNP 型晶体管的各种物质层的尺寸。

表 10-2　PNP 型晶体管的各物质层的坐标

物　质　层	坐　标			
	左下		右上	
	x	y	x	y
NPNdummy	0.18 μm	1.2 μm	0.82 μm	2.74 μm
Nwell$_{(1)}$	0.08 μm	1.1 μm	0.92 μm	2.84 μm
Pimp$_{(1)}$	0.06 μm	1.98 μm	0.94 μm	2.86 μm
Pimp$_{(2)}$	0.06 μm	0.06 μm	0.94 μm	0.94 μm
Nimp$_{(1)}$	0.06 μm	1.08 μm	0.94 μm	1.96 μm
Oxide$_{(1)}$	0.2 μm	2.12 μm	0.8 μm	2.72 μm

右上

物　质　层	坐　标			
	左下		右上	
	x	y	x	y
Oxide(2)	0.2 μm	1.22 μm	0.8 μm	1.82 μm
Oxide(3)	0.2 μm	0.2 μm	0.8 μm	0.8 μm
Cont	0.26 μm	2.54 μm	0.38 μm	2.66 μm
Psub	0	0	1 μm	2.92 μm

续表

10.4　拓展实验

如图 10-6 所示，lab10 库中的单元 vpnp2 为纵向 PNP 型晶体管的版图，请找出这个器件的基极、集电极和发射极。

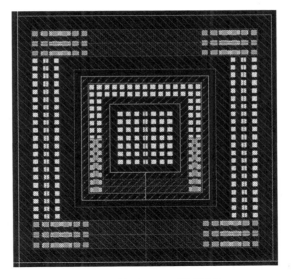

图 10-6　单元 vpnp2 版图结构

11

电阻、电容、二极管的版图设计

11.1 实验目的

（1）掌握电阻版图的设计方法。
（2）掌握电容版图的设计规则和设计方法。
（3）掌握二极管版图的设计规则和设计方法。

11.2 实验原理

MOS 和双极型晶体管是构成集成电路最主要的器件。但是要组成一个完整的电路，电阻、电容和二极管等器件也是必不可少的。在本次实验中，我们主要完成电阻、电容、二极管这三种器件的版图设计。

11.2.1 MOS 集成电路中的电阻

集成电路中的电阻分为无源电阻和有源电阻。无源电阻通常是由掺杂半导体或合金材料制作而成的；而有源电阻则是将晶体管进行适当的连接与偏置，利用晶体管在不同的工作区所表现出来的电特性来做电阻。

如图 11-1 所示，均匀半导体（扩散薄层）的电阻值 R 正比于导体的长度 L，反比于导体的横截面积 S，因此有：

$$R = \rho L / S = \rho L / dW = (\rho/d)L/W$$

其中，ρ 为电阻率。从上式可见，薄层导体的电阻与 L/W 成正比，比例系数为 ρ/d，这个比例系数就称为方块电阻，用 $R_\square$ 表示，它的单位为 Ω，通常用符号 $\Omega/\square$ 表示。

$$R_\square = \rho/d$$
$$R = R_\square L/W$$

当 $L = W$ 时，有 $R = R_\square$。这时 $R_\square$ 表示一个正方形的薄层电阻，它与正方形边长的大小无关，只与半导体的掺杂浓度和掺杂区的结深有关。

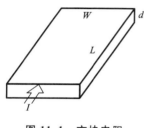

图 11-1　方块电阻

对于集成电路来说，方块电阻是基本单位，它的量纲是

Ω/□。应用方块电阻时不必担心材料的厚度,只需关注长度或宽度即可。例如,考虑一个由 8 个方块组成的电阻 R,如果方块电阻 $R_{□}=20\Omega/□$,那么 $R=R_{□}\times8_{□}=20\Omega/□\times8_{□}=160\Omega$。运算结果的单位是电阻的量纲,方块符号□在运算中被消去。通过这个例子可以得到在集成电路中电阻值的计算方法,即

$$电阻值＝方块数\times方块电阻$$

只要知道材料的方块电阻,就可以根据所需的电阻值计算出电阻的方块数。

对于不同的制作工艺,材料的方块电阻是不同的,在《工艺手册》中可以查到方块电阻的数据,集成电路制造厂家也会提供有关参数。表 11-1 列出了典型的方块电阻。

表 11-1 典型的方块电阻

方 块 电 阻	电 阻 值	方 块 电 阻	电 阻 值
栅极多晶电阻	$2\sim3\Omega/□$	多晶硅—电阻	$20\sim30\Omega/□$
金属电阻	$20\sim100\Omega/□$	扩散区电阻	$2\sim200\Omega/□$

1. 无源电阻

在版图形式中,无源电阻的形状一般是做成长方形,在两端的接触孔与金属连接,接触孔之间的长度就是多晶电阻的长度 L,如图 11-1 所示。若多晶电阻的宽度为 W,则该电阻的方块数等于 L/W,电阻 $R=(L/W)R_{□}$,$R_{□}$ 是多晶电阻的方块电阻。在实际应用中,应该把电阻的宽度和长度都尽量做大,一般来说,其长度大于 $10\ \mu m$,宽度不小于 $5\ \mu m$,这有助于获得更好的精度和匹配。

有些设计中需要很大的电阻值,若对它的精度无特殊要求,则允许它有 15% 左右的变化,且可以把电阻的宽度做得比接触孔的宽度还要小,像一根"狗骨头"一样,如图 11-2 所示。多晶电阻也可设计为如图 11-3 所示的蛇形电阻,当计算这种电阻值时,每一个拐角作为半个方块电阻计算,如图 11-3(b)所示,电阻共有 29 个方块电阻。

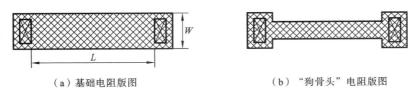

（a）基础电阻版图　　　　　　　　　　（b）"狗骨头"电阻版图

图 11-2 电阻版图

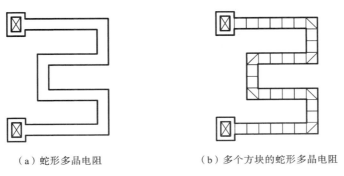

（a）蛇形多晶电阻　　　　　　　　　（b）多个方块的蛇形多晶电阻

图 11-3 蛇形电阻版图

2. 阱电阻

掺杂半导体具有电阻特性,掺杂浓度不同使得电阻率不同。利用这一特性,可以制造集成电路所需的电阻。P 阱和 N 阱都是低掺杂区,其电阻率很高,因此可以用阱区作电阻值较大的电阻,但这种电阻的精度不高。另外,Nwell 电阻因掺杂少,光照时电阻值会降低,且呈现不稳定的现象,所以最好在 Nwell 电阻上覆盖金属,并将其电位接到电源电压上,当无法接电源时,可把它接到电路中两端较高的电位端。当阱电阻接 PAD 时,必须在外围环绕伪集电极,防止它对别的电路造成寄生晶闸管效应。

因为阱电阻是低掺杂区,在阱电阻的两端都要把重掺杂区作为接触区。

3. 有源区电阻

无论 P^+ 还是 N^+ 有源区都可以用作电阻,也可以用作结构性的扩散电阻。例如,在两层掺杂区之间的中间掺杂区,典型的结构是 NPN 中的 P 型区,这种电阻又称为沟道电阻。如图 11-4 所示,有源区电阻是在集成电路工艺过程中同时形成的,无须增加专门的工艺步骤。其缺点是电阻率不能灵活变化,受工艺的限制。

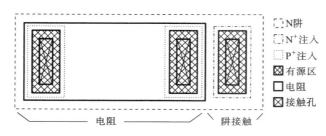

图 11-4　有源区电阻

无论是阱电阻还是有源区电阻,在版图设计时都必须考虑衬底的电位分布。也就是说,任意一个端在任何工作条件下,电阻区域所产生的寄生 PN 结不能处于正偏状态。

MOS 有源电阻是指对 MOS 做适当的连接并使它在一定的工作状态中,利用它的直流导通电阻和交流电阻作为电路中的电阻器件。MOS 电阻的最大优点是占用的面积非常小,比上述几种电阻的都小得多。例如,将 N 型 MOS 的栅极和漏级相连,就形成了一个非线性电阻,这一特性使它在集成电路设计中得到了广泛的应用。

11.2.2 MOS 集成电路中的电容

MOS 集成电路中的电容几乎都是平板电容。平板电容的电容表达式为

$$C = \varepsilon_0 \varepsilon_{ox} WL / t_{ox}$$

若令 $C_{ox} = \varepsilon_0 \varepsilon_{ox} / t_{ox}$,则有

$$C = C_{ox} WL$$

其中,C_{ox} 是单位面积的栅氧化层电容,单位为 F/cm^2;ε_0 是真空电容率,其值为 8.85×10^{-12} F/cm^2;ε_{ox} 是栅氧化层的相对介电常数,其值为 $3.8 \sim 4$,一般取 3.9;t_{ox} 是栅氧化层厚度;W 和 L 是平板电容的宽度和长度,两者的乘积即为电容器的面积。在设计过程中,做电路模拟仿真与验证时就可确定电容的总电容 C,而 t_{ox} 可由硅片加工厂提供。

在版图设计时,利用上式计算电容的面积,其值为 $WL = C/C_{ox} = C/(\varepsilon_o \varepsilon_{ox}/t_{ox})$,并且把求出的 WL 应用于设计中。

MOS 集成电路中常用的电容有下面几种形式。

1. 双层多晶硅组成的电容

这是在双层多晶硅工艺中使用的方法。用多晶硅二作为电容的上极板,多晶硅一作为电容器的下极板,栅氧化层作为介质。这个电容是制作在场区上的,且是由场氧化层把电容的上下电极和其他器件及衬底隔开的,因而是一个寄生参数很小的固定电容,其电容值不受横向扩散的影响,只要能精确控制双层多晶硅之间的氧化层质量和厚度,就不难得到精确的电容值。上面计算电容的面积 WL 指上下电极和介质薄膜的公共面积,不包括上下电极作为连接的区域面积。

2. 多晶硅和扩散区(或注入区)组成的电容

这是在单层多晶硅工艺中使用的方法。在淀积多晶硅之前,先在下电极板区域进行掺杂,这是为做电容专门增加的一次工艺,然后用常规工艺生长栅氧化层和淀积作为上电极的多晶硅。

3. 金属和多晶硅组成的电容

这是把多晶硅作为电容下电极板,金属作为上电极板组成的 MOS 电容,是无极性的。这种电容通常位于场区,由于场氧化层的隔离,使多晶硅与衬底之间的寄生电容比较小。在设计电容版图时,应当注意电容的面积是指上下极板的重叠部分,而上下极板的实际面积要比重叠部分的面积大,超出重叠部分的面积用于对电极的连接。

11.2.3 集成电路中的二极管

PN 结是二极管的核心部分,只要在 PN 结的 P 区和 N 区分别加上电极,就构成了二极管。PN 结也是集成电路的基础,无论哪种类型的集成电路,芯片内部都有很多 PN 结。例如,N 阱 CMOS 集成电路的 N 阱和 P 型衬底就是一个最大的 PN 结,一个 PMOS 的源区和漏区与衬底就形成了两个 PN 结。在标准的 CMOS 工艺中,可以制成两种类型的 PN 结,即一种是做在 P 型衬底中,另一种是做在 N 阱中。

二极管的主要作用是保证电流的单向导通,且可以用于器件之间的隔离。在 MOS 集成电路中,二极管主要起静电放电(ESD)保护作用。

图 11-5(a)为 P 型衬底上的二极管的版图,这是一个由 P 型衬底上的 N 区和 P 区组成的二极管。

为了尽可能多地泄放流入或流出二极管的能量,可以把二极管画成如图 11-5(b)所示的环状结构,用环形的 N^+ 环围绕 P^+ 接触,就可确保在各个方向上都存在电流通路。

图 11-5(c)是 N 阱中的二极管,中央为 N 型区,四周被 P^+ 环包围。

设计二极管时要注意二极管的面积,由于流过二极管的电流大小和二极管的面积成正比,因此二极管的面积要选择适当,不能太小。

衬底　有源区　N⁺　P⁺　接触孔　金属
　　　　　　　注入　注入

（a）P型衬底上的二极管的版图

（b）环状结构的P型衬底上的
　　二极管的版图

（c）N阱中的二极管的版图

图 11-5　二极管的版图

11.3　实验内容

11.3.1　设计多晶硅电阻版图

本实验所使用的环境中,电阻是由多晶硅来组成的。

在理论课中我们已经讲述过,版图中电阻值是由物质的方块电阻计算得到的。在本实验环境中,多晶硅电阻的方块电阻如下:

$$方块电阻 = 10.48 \ \Omega/\mu m^2 \quad （由 poly 和 Resdum 的共有区域确定）$$

组成该电容的物质层如下。

① Poly:多晶硅电阻的主体。

② Resdum:电阻的识别层,在实际加工过程中此区域注入物质的浓度区别于无此区域注入物质的浓度。

③ Metal1 和 Contact:作为多晶硅电阻两个端口使用。

④ Via2:Metal3 和 CapMetal 两种物质的接触孔。

下面,我们就以一个 46.7 Ω 的电阻为例来完成其版图设计。这个电阻的宽度为 1 μm。

1. 15.7 Ω 多晶硅电阻版图设计规则

15.7 Ω 多晶硅电阻版图设计规则如下:

① Metal1 过覆盖 Contact 0.1 μm;

② Poly 过覆盖 Contact 0.4 μm;

③ 若 Resdum 延伸出 Poly,则延伸出的最小长度 0.05 μm;

④ 最小 Contact 宽度 0.12 μm;

⑤ Contact 最小间距 0.14 μm;

⑥ 电阻的宽度 1 μm;

⑦ 电阻的长度 4 μm。

2. 创建多晶硅电阻版图视图

在 CIW 中,选择 File→New 来新建电阻的版图单元,参数设置如下:

Library Name   lab11
Cell Name   polyres_layout
View Name   layout

点击 OK 按钮,打开 polyres_layout 的空白窗口,以下的编辑操作将实现电阻版图设计,如图 11-6 所示。

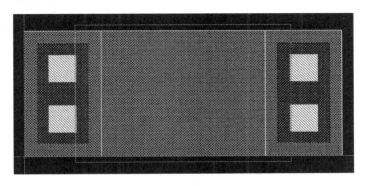

图 11-6   版图 1

(1) 在 LSW 中,选择 Poly drw 作为当前编辑层。在点($x=0$,$y=0$)到点($x=4.8$,$y=1$)的区域绘制 Poly。

(2) 选择 Resdum drw 作为当前编辑层。在点($x=0.4$,$y=0$)到点($x=0.16$,$y=1$)的区域绘制 CapMetal,以完成电阻主体的绘制。

(3) 选择 Nimp drw 作为当前编辑层。在点($x=-0.15$,$y=-0.15$)到点($x=4.95$,$y=1.15$)的区域绘制 Nimp,以完成电阻保护区域的绘制。

(4) 完成电阻接入接触端口的绘制。这一部分电阻需要 Metal 和 Contact 两种物质,表 11-2 列出了这两种物质的具体尺寸。

表 11-2   Metal 和 Contact 的坐标

物 质 层	坐 标			
	左下		右上	
	x	y	x	y
Metal$_{(1)}$	0.4	0	0.16	1
Metal$_{(2)}$	4.64	0	4.76	1
Contact$_{(1)}$	0.04	0.82	0.16	0.94
Contact$_{(2)}$	0.04	0.44	0.16	0.56
Contact$_{(3)}$	0.04	0.06	0.16	0.18
Contact$_{(4)}$	4.64	0.82	4.76	0.94
Contact$_{(5)}$	4.64	0.44	4.76	0.56
Contact$_{(6)}$	4.64	0.06	4.76	0.18

11.3.2   设计金属二层-金属三层电容版图

在本实验所使用的环境中,电容是由金属二层和金属三层组成的。

在理论课中我们已经讲述过,电容由两部分确定:一部分由电容上下极板的重叠区域的面积来确定,另一部分由电容的周长来确定。在本实验环境中,金属电容相应的单位电容如下所示:

面积单位电容＝1 fF/μm^2　（由 CapMetal 的形状确定）

周长单位电容＝0.1 fF/μm　（由 CapMetal 的形状确定）

组成该电容的物质层如下。

① Metal2:形成电容下极板,同时作为电容下极板的连接金属线使用。

② CapMetal:作为电容上极板的实际物质。

③ Metal3:作为电容上极板的连接金属线使用。

④ Via2:作为 Metal3 和 CapMetal 两种物质的接触孔。

为了计算方便,上面我们所说的面积单位电容值和周长单位电容是以 CapMetal 的图形为准的。所以在实际的版图设计过程中需要严格按照版图设计规则来进行电容的版图设计。

下面,我们就以一个 104 fF 的电容为例来完成其版图设计。

一般来说,电容版图的形状为正方形,这样既可以减小周长单位电容的比例,还可使电容的面积最小。

通过计算,为了得到 104 fF 的电容,最终完成的电容版图面积为 10 μm×10 μm,也就是说,CapMetal 的面积为 10 μm×10 μm。

1. 104 fF 电容版图设计规则

104 fF 电容版图设计规则如下:

① Metal2 过覆盖 CapMetal 0.3 μm;

② CapMetal 过覆盖 Metal3 0.2 μm;

③ Metal3 过覆盖 Via2 0.06 μm;

④ 最小 Via2 宽度 0.14 μm;

⑤ Via2 最小间距 0.21 μm;

⑥ CapMetal 的大小 10 μm×10 μm。

2. 创建电容器版图视图

在 CIW 中,选择 File→New 来新建电容版图单元,参数设置如下:

Library Name　　　lab11

Cell Name　　cap_layout

View Name　　　layout

点击 OK 按钮,打开 cap_layout 的空白窗口,以下的编辑操作将实现电容版图设计,如图 11-7 所示。

（1）在 LSW 中,选择 CapMetal drw 作为当前编辑层。然后在点（$x=0$,$y=0$）到点（$x=10$,$y=10$）的区域绘制 CapMetal,完成电容上极板版图区域的绘制。

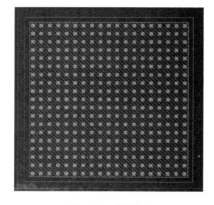

图 11-7　版图 2

（2）选择 Metal2 drw 作为当前编辑层。在点

（$x=-0.3,y=-0.3$）到点（$x=10.3,y=10.3$）的区域绘制 CapMetal,完成电容下极板版图区域的绘制。

（3）选择 Metal3 drw 作为当前编辑层。在点（$x=0.2,y=0.2$）到点（$x=9.8,y=9.8$）的区域绘制 Metal3,完成电容上极板版图引线区域的绘制。

（4）在金属三层上均匀完成 Via2 接触孔的绘制。

11.3.3　设计二极管版图

1. 二极管版图设计规则
二极管版图设计规则如下：

① 二极管识别层距器件外围 0.02 μm;

② Nwell 过覆盖 Nimp 0.1 μm;

③ Nimp 过覆盖 Oxide 0.02 μm;

④ Pimp 过覆盖 Oxide 0.14 μm;

⑤ Metal 过覆盖 Contact 0.08 μm;

⑥ 最小 Contact 宽度 0.12 μm。

2. 创建二极管版图视图
在 CIW 中,选择 File→New 来新建 diode 的版图单元,参数设置如下：

$$\begin{aligned} &\text{Library Name} \quad \text{lab11}\\ &\quad\text{Cell Name} \quad \text{pdiode}\\ &\quad\text{View Name} \quad \text{layout}\end{aligned}$$

点击 OK 按钮,打开 pdiode 的空白窗口,以下编辑操作将实现二极管版图设计（见图 11-8）。

首先完成 P 型二极管的版图,再完成 N 型二极管的版图。

1）P 型二极管的版图设计步骤

（1）在 LSW 中,选择 DIOdummy drw 作为当前编辑层。

（2）在版图编辑窗口中,选择 Create→Rectangle 或按盲键[r],在点（$x=0.1,y=0.1$）到点

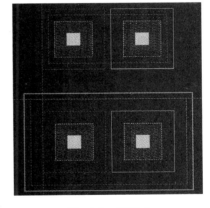

图 11-8　版图 3

（$x=1.12,y=0.54$）的区域绘制 DIOdummy,完成 P 型二极管的识别层的绘制。

（3）在版图编辑窗口中,选择 Create→Rectangle 或按盲键[r],在点（$x=0,y=0$）到点（$x=1.12,y=0.64$）的区域绘制 Nwell,完成 P 型二极管中 N 阱的绘制。

（4）绘制 P 型二极管的 PN 结,PN 结由 Pimp 和 Nimp 两种物质构成,它们的尺寸如下。

① Pimp:点（$x=-0.02,y=-0.02$）到点（$x=0.66,y=-0.66$）的矩形区域。

② Nimp:点（$x=0.68,y=-0.1$）到点（$x=1.12,y=-0.54$）的矩形区域。

（5）由于工艺的影响,在完成 Pimp 和 Nimp 两种物质后,还需要加入 Oxide 层才能够完成源区（扩散区）的绘制,所以还需要加入两块 Oxide 区域,它们的尺寸如下。

① Oxide$_{(1)}$:点（$x=0.12,y=0.12$）到点（$x=0.52,y=0.52$）的矩形区域。

② Oxide$_{(2)}$:点（$x=0.7,y=0.12$）到点（$x=1.1,y=0.52$）的矩形区域。

（6）最后将完成的二极管的接口利用接触孔和金属一层将信号引出,在完成这个

步骤时请注意其版图设计规则。

2）N 型二极管的版图设计步骤

（1）在库 lab11 中新建一个名为 ndiode 的版图单元。

（2）在 LSW 中,选择 DIOdummy drw 作为当前编辑层。

（3）在版图编辑窗口中,选择 Create→Rectangle 或按盲键[r],在点$(x=0,y=0)$到点$(x=1.02,y=0.44)$的区域绘制 DIOdummy,以完成 N 型二极管的识别层的绘制。

（4）绘制 N 型二极管的 PN 结,PN 结由 Pimp 和 Nimp 两种物质构成,它们的尺寸如下。

① Pimp:点$(x=0.58,y=0)$到点$(x=1.02,y=0.44)$的矩形区域。

② Nimp:点$(x=-0.12,y=-0.12)$到点$(x=0.56,y=0.56)$的矩形区域。

（5）加入 Oxide 以完成源区（扩散区）的绘制,它们的尺寸如下。

① Oxide$_{(1)}$:点$(x=0.02,y=0.02)$到点$(x=0.42,y=0.42)$的矩形区域。

② Oxide$_{(2)}$:点$(x=0.6,y=0.02)$到点$(x=1,y=0.42)$的矩形区域。

（6）最后将完成的二极管的接口利用接触孔和金属一层将信号引出,在完成这个步骤时请注意其版图设计规则。

3. 完成的二极管的最终尺寸

表 11-3 列出了二极管各种物质层的坐标。

表 11-3　二极管的各种物质层的坐标

物 质 层	坐　标			
	左下		右上	
	x	y	x	y
DIOdummy(N)	0.1 μm	0.1 μm	1.12 μm	0.54 μm
DIOdummy(P)	0	0	1.02 μm	0.44 μm
Nwell(P)	0	0	1.12 μm	0.64 μm
Pimp(N)	0.58 μm	0	1.02 μm	0.44 μm
Nimp(N)	-0.12 μm	-0.12 μm	0.56 μm	0.56 μm
Pimp(P)	-0.02 μm	-0.02 μm	0.66 μm	-0.66 μm
Nimp(P)	0.68 μm	-0.1 μm	1.12 μm	-0.54 μm

注意:二极管版图中的 Cont、Metal1 和 Oxide 三种物质层的尺寸没有在表 11-3 中标明,请同学们按照其版图设计规则完成这三种物质层的绘制。

12

CMOS 反相器版图设计与 Diva 版图验证工具

12.1 实验目的

（1）熟悉器件版图 Pcell 自动生成方法。

（2）熟悉 CMOS 电路版图设计流程和了解数字模块设计方法。

（3）掌握 Diva 版图验证工具的使用方法。

12.2 实验原理

本次实验旨在使实验参与者进一步熟悉电路版图的设计,同时可利用 Cadence 软件的版图验证工具 Diva 对完成的版图进行设计规则检查(DRC)及版图和原理图一致性检查(LVS)。整个实验是基于反相器 INVX1 单元的版图设计而进行的,而其他门电路都可以看成是反相器的延伸。

12.2.1 Diva 概念

Diva 是 Cadence 软件中的验证工具集,用于找出并纠正设计中的错误。它除了可以处理物理版图和准备好的电气数据,进行版图和电路图的一致性检查以外,还可以在设计初期进行版图检查,尽早发现错误并把错误显示出来,这有利于及时发现错误,且易于纠正。

Diva 为图形化的交互工具,操作简便,但其精度不高,速度不快,它主要用于中小规模电路或模块电路的版图检查和验证,其主要功能包括设计规则检查、电气规则检查(ERC)、版图和原理图一致性检查、版图寄生参数提取(LPE)、寄生电阻提取(PRE)等。

12.2.2 Diva 工具集

Diva 工具集包括设计规则检查、版图寄生参数提取、电气规则检查、版图和原理图一致性检查。

（1）设计规则检查：用于对 IC 版图做几何尺寸检查以确保电路能够通过特定的加工工艺实现。

（2）版图寄生参数提取：从版图数据库中提取电气参数，如 MOS 的 W、L 值，BJT 或二极管的面积、周长、结点的寄生电容等，并以网表方式表示电路。

（3）电气规则检查：检查电源、地的短路情况及悬空器件和结点等的电气特性。

（4）版图和原理图一致性检查：将版图和原理图进行对比，检查电路的连接或 MOS 的宽长比是否匹配。

Diva 中各个组件之间是互相联系的，有时一个组件的执行要依赖于另一个组件的执行。例如，要执行 LVS 就先要执行 DRC 与 Extraction。运行 Diva 之前，要准备好规则验证文件，即 DivaDRC.rul（进行 DRC 的文件）、DivaEXT.rul（进行版图提取的文件）、DivaLVS.rul（进行 LVS 的文件）。

12.2.3 DRC

1. DRC 流程

DRC 流程图如图 12-1 所示。

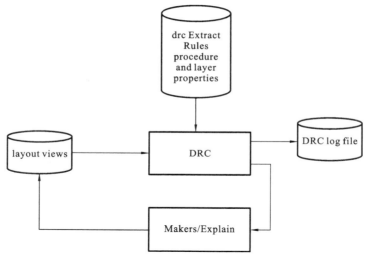

图 12-1　DRC 流程图

2. DRC 窗口简介

DRC 窗口如图 12-2 所示。

（1）Checking Method：被检查版图的类型，其选项如下。

① flat：检查版图中所有的图形，对子版图块不检查。

② hierarchical：利用层次之间的结构关系和模式识别优化，检查版图中每个单元块内部是否正确。

③ hier w/o optimization：利用层次之间的结构关系来检查电路中每个单元块。

（2）Checking Limit：选择检查的范围，具体指哪一部分的版图需要执行 DRC，其选项如下。

① full：表示检查整个版图。

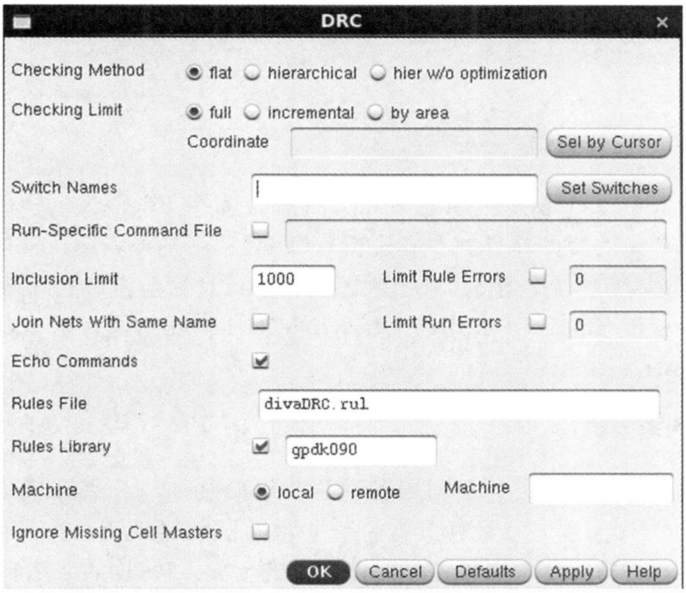

图 12-2　DRC 窗口

② incremental：对自从上一次 DRC 以来有所改变的版图执行检查，对没有改变过的版图不予检查。

③ by area：在指定区域进行 DRC。当版图较大时，可以有针对性地分块检查以提高检查效率。

（3）Switch Names：在 DRC 文件中，所有设置的 Switch 都会在这里出现。这个选项可以方便对版图文件进行版层化的分类检查，这在大规模电路检查中非常重要。

（4）Rules File：指明 DRC 文件的名称，一般默认为 divaDRC. rul。

（5）Machine：local 选项表示在本机上运行；remote 选项表示在远程机器上运行。

12.2.4　Diva 查错

在 DRC 之后，所有错误都会在 CIW 中显示，也会在版图中以高亮显示，这很容易观察到。另外，也可以通过菜单来帮助找错，即选择 Verify→Markers→Find，弹出一个窗口，在这个窗口中点击 Apply 按钮就可以显示第一个错误。同样，还可以通过菜单来查看导致错误的原因，即选择 Verify→Markers→Explain，用鼠标左键在版图上有错误的地方进行单击就可以了。最后，也可以选择 Verify→Markers→Delete 来删除关于错误的提示。

12.2.5　Extraction

Extraction 功能如下：

（1）提取器件及互联信息，用于后续 ERC 或 LVS；

（2）提取网表；

（3）提取用于模拟仿真的有寄生参数的版图网表。

12.3 实验内容

12.3.1 启动版图设计环境

在 Library Manager 窗口中新建库 lab12,然后选择 File→New→Create Cellview 来创建 INVX1 单元的版图文件。在右边窗口 Tool 栏中选择 Virtuoso,View Name 栏 会自动变成 layout,点击 OK 按钮,弹出版图编辑窗口且当前窗口的顶端标题栏显示为 "Virtuoso® Layout Suite L Editing:lab12 INVX1 layout",这说明正在编辑 lab12 库 中 INVX1 单元的版图文件。

12.3.2 版图的掩膜层

在以前的实验中,我们主要是利用各种物质层的叠加组合来完成 MOS 等器件的 设计。但是这种方法主要是在设计具有特殊要求的器件时使用。在一般应用中,我们 主要利用 Cadence 的 Pcell 来完成各种器件版图的生成。Pcell 的使用和原理图调用器 件的方法基本相同,以下是具体的操作步骤。

(1)如图 12-3 所示,选择 gpdk090 库中的 Cell 为 nmos1v,View 为 layout,然后点 击 Close 按钮。这时操作界面自动返回到 Create Instance 窗口。

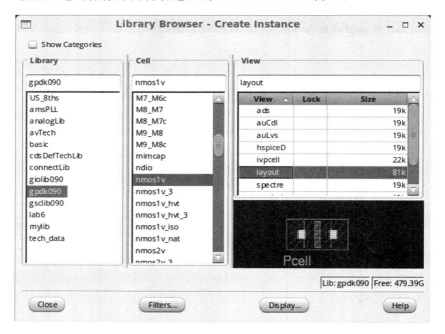

图 12-3 Create Instance 窗口

(2)将图 12-4 中的 Total Width 选项改为 240 nm,点击 Hide 按钮。

(3)放置 NMOS 到 Layout Suite L Editing 窗口的版图编辑界面上。同原理图设 计一样,把光标定位在到想放置 NMOS 的位置后点击鼠标左键,然后移开光标(出现黄 框),按 Esc 键以退出器件添加模式(黄框消失)。

（4）添加一个宽度为 480 nm 的 PMOS 晶体管。图 12-5 为 PMOS 晶体管版图编辑窗口。设置完成后的版图界面如图 12-6 所示，这时只能看到版图单元的框架。然后进行以下操作：选择 Virtuoso→Options→Display，并设定 Display Levels 为 10，点击 OK 按钮（见图 12-7）。设置完成后的版图界面如图 12-8 所示。

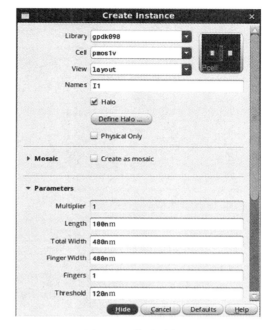

图 12-4 修改过程 1 　　　　　图 12-5 修改过程 2

Virtuoso 是根据设置的网格大小显示和工作的。网格的大小可以在 Grid Controls 菜单中进行设定，此处网格设置为 10 nm。一般来说，网格大约为最小特征尺寸的 5%（我们采用的是 90 nm 工艺库）。

另外一个显示和隐藏掩膜层的方法是使用快捷键，即 Ctrl＋f 为隐藏，Shift＋f 为显示。最后两个晶体管的具体位置如下。

PMOS 的位置为：点（$x=0.85, y=2.24$）；NMOS 的位置为：点（$x=0.85, y=0.96$）。

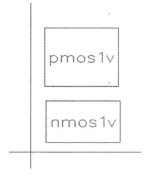

图 12-6 设置完成后的版图界面 1

12.3.3 晶体管的图层

在版图界面调出 MOS 器件后，就会完成 INVX1 的版图。首先，我们需要添加一些对象。

① prBoundary：单元布局布线的位置和走线边界。

② Nwell：供 PMOS 使用。

③ 电源线和地线。

从 LSW 中选择 prBoundary drawing 层，点击 Layout Suite L Editing 窗口左边标志菜单上的 Rectangle 按钮，点击左键并拖动鼠标来定义单元的边界。为了准确定义单元边界和放置位置,需要修改其属性,如图 12-9 所示。

prBoundary 具体坐标:Left＝0,Right＝1.0,Bottom＝9.08,Top＝12.08。

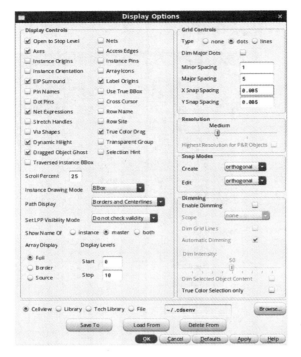

图 12-7　Display Options 窗口

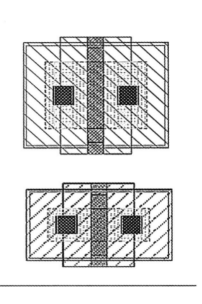

图 12-8　设置完成后的版图界面 2

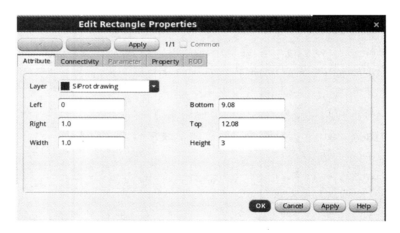

图 12-9　修改属性 1

　　如图 12-9 所示,定义单元边界为 1.0 μm 宽、3 μm 高,在底部保留 0.3 μm 的偏移量(画地线的时候用)。接着选择 Nwell drawing 层,从单元的左边($x＝0,y＝1.76$)开始画矩形框一直到边界顶端超出 3.6 μm 的地方结束。

　　如图 12-10 所示,Nwell 具体尺寸如下:Left＝0,Right＝1.0 μm,Bottom＝1.76 μm,Top＝3.6 μm。

　　到此,完成的版图如图 12-11 所示。

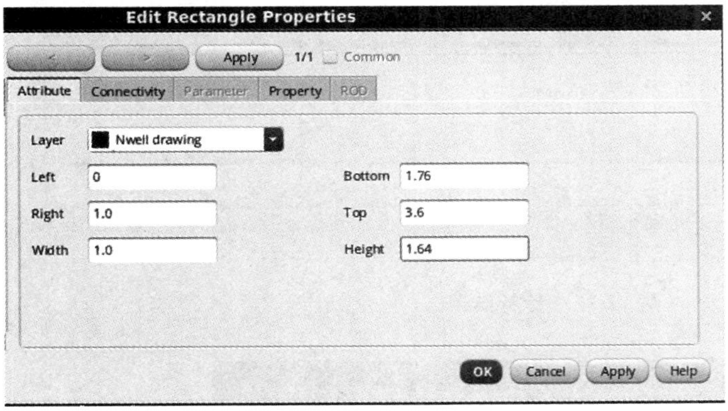

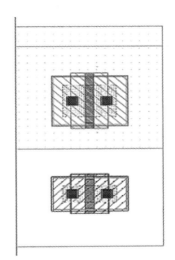

图 12-10　修改属性 2

图 12-11　完成的版图

12.3.4　用 Diva 进行设计规则检查

作为传统版图设计的一部分,为了确保设计符合制造规则而必须进行设计规则检查。现在,我们在上面所画版图的基础上利用 Diva 进行一次 DRC。选择 Verify→DRC,将会弹出如图 12-12 所示的窗口。

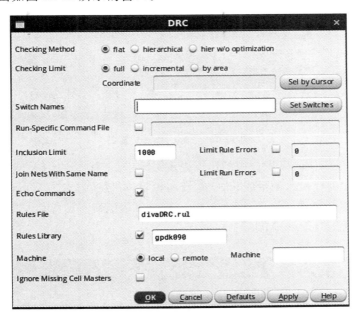

图 12-12　DRC

点击 OK 按钮后,开始进行 DRC。在 Diva 运行 DRC 完成后,CIW 会将运行的结果显示并记录在 CDS. log 文件中,如图 12-13 所示。然后回到版图编辑界面,选择 Verify→Makers→Find,弹出如图 12-14 所示的窗口。接着选中 Zoom To Makers,点击 Next 按钮,则会显示一些错误提示。对于错误提示列表,方括号中的数字表示这一类型的错误发生的次数及错误描述。通过右边的箭头可以浏览这些错误,同时观察 Layout Suite L Editing 窗口,就会发现随着浏览,相应的错误将会被亮化。

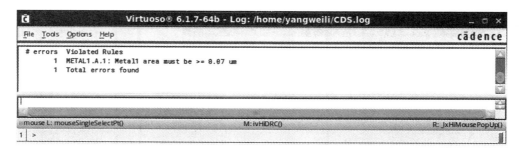

图 12-13 运行结果

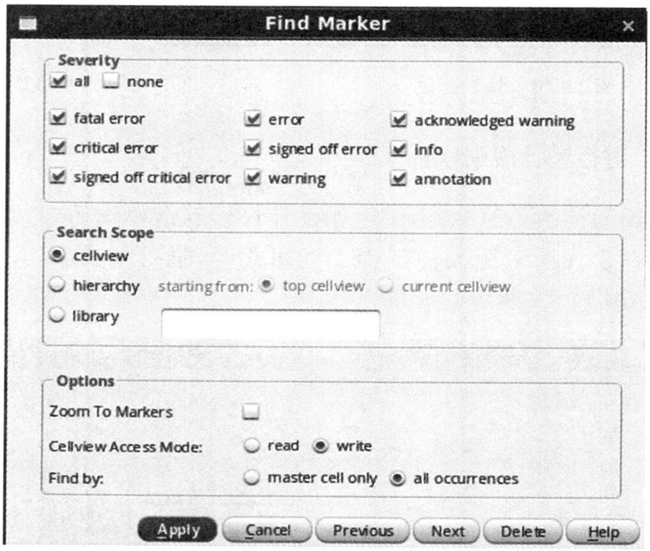

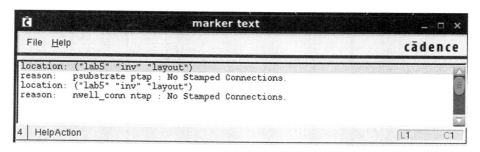

图 12-14 Find Marker 窗口

根据 The Error Layer 窗口中的错误提示修改错误(见图 12-15)。在修改错误的过程中有时需要用到标尺来测量线长、线宽及面积等,可以通过点击 Window Create Ruler 或使用快捷键 k 来进行测量,而大写的 K 则可以取消所有的标尺。如果需要删除版图中的错误,选择 Verify→Makers→Delete。

图 12-15 改正错误

12.3.5 基础布线方法

当然,上述进行的版图还没有完成。因此,选择 Verify→Makers→Delete All 可以删除所有错误。退出 DRC 并继续编辑版图。

使用 Metal1 画高为 0.6 μm、宽为 1.8 μm 的电源线。在单元的顶部画电源线,底部画地线。电源线和地线有可能给临近放置的其他单元共享,因此电源线和地线均沿着垂直方向延伸到边界外的 0.3 μm 的位置,这样做是为了方便垂直方向上的单元邻接,这也是为什么电源线和地线需要跨越整个单元宽度的原因(水平方向的邻接)。标准版图如图 12-16 所示。

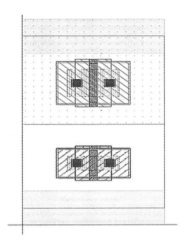

图 12-16 标准版图

12.3.6 先进布线方法

另一种连通目标的简单方法是使用建立通道命令。

在 LSW 中选择绘图层(如 Poly),在 Layout Suite L Editing 窗口中选择 Create→Path,或使用快捷键 p。点击需要画线的第一个目标,然后向第二个目标移动,如图 12-17 所示。当光标移动到第二个目标时,点击终点以完成画线。

注意:为了使画的线与目标连接并对齐,需要点击中间部位。画好连线后,放大所画线的起点和终点以检查是否连接并对齐。换言之,如图 12-18 所示的连接方法是错误的,如图 12-19 所示的为正确的连接方法。

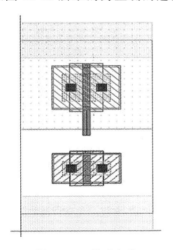

图 12-17 基础布线

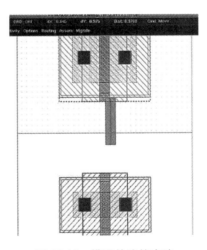

图 12-18 错误的连接方法

把 NMOS 的源极连接到地线上,然后把 PMOS 和 NMOS 的栅极连接在一起,结果如图 12-20 所示。

12.3.7 高级布线方法

在 LSW 中,选择 Poly 层,同时按 p 键以建立通道。

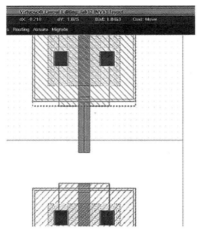

图 12-19　正确的连接方法

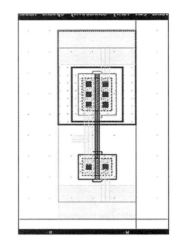

图 12-20　基础布线的结果

现在点击 Poly 层的中间部位以建立一条通道并向左移动光标,如图 12-21 所示。

若要从 Poly 层转到 Metal1 层,只需在菜单 Create Path 中把层改为 Metal1 层即可。当返回到版图编辑窗口时,会发现线端变成了 Poly-to-Metal1 接触,放置接触之后可以用新的层继续布线了。

为了完成布线,放置好接触后用 Metal1 继续画线,光标移动到合适的位置后双击鼠标以完成画线,其结果如图 12-22 所示。

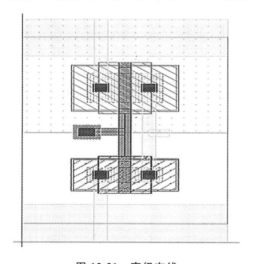

图 12-21　高级布线

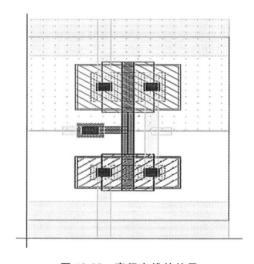

图 12-22　高级布线的结果

12.3.8　建立衬底接触

建立衬底接触的一般做法是在电源线和地线上放几个接触孔。此处,我们在反相器单元的电源线与地线上分别增加两个接触孔(复合门需要更多)。在 Layout Suite L Editing 窗口中选择 Create→Contact,或使用快捷键 o 去设计一个接触孔。

图 12-23 所示为加入接触孔的方法。首先选择 M1_PSUB 作为连接到 P 衬底的接触,点击 Hide 按钮,放置两个接触孔。

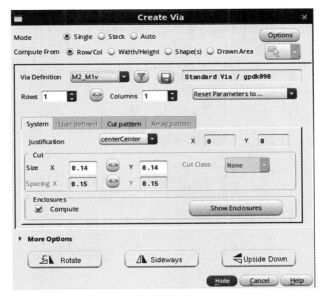

图 12-23　加入接触孔的方法

　　为了保持单元的对称性,修改接触孔属性(见图 12-24)并按如下位置进行放置:一个接触孔放在点($x=0.5, y=0.3$),另一个接触孔放在点($x=1.3, y=0.3$)。放置两个 Metal1-Nwell 的接触(M1_PSUB)分别为点($x=0.5, y=3.3$)与点($x=1.3, y=3.3$)两处,其结果如图 12-25 所示。

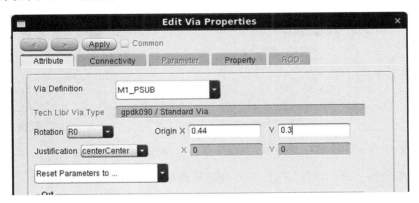

图 12-24　修改接触孔属性

12.3.9　创建引脚标签

　　完成版图之前还需要给引脚加上标签,并且这种标签是非常有用的。在 Layout Suite L Editing 窗口中选择 Create→ Pin,或使用快捷键 Ctrl+p,将弹出 Create Pin 窗口,如图 12-26 所示。

　　在 Create Pin 窗口中的 Terminal Names 栏输入 VDD! GND! A Z(引脚名称来自原理图),Pin Shape 选择 rectangle,选择 Create Lable,点击 Option 按钮,弹出如图 12-27 所示的窗口,并在窗口的 Height 栏输入 1,点击 OK 按钮。

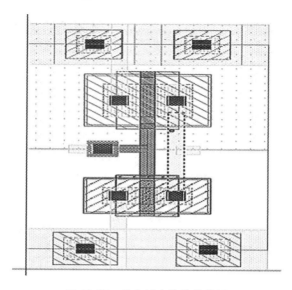

图 12-25　建立衬底接触的结果

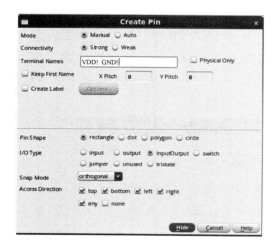

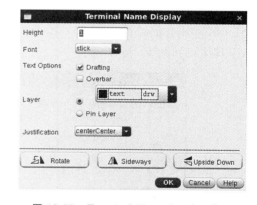

图 12-26　Create Pin 窗口　　　　图 12-27　Terminal Name Display 窗口

返回到 Create Pin 窗口,点击 Hide 按钮,然后进行如下操作。

(1) 放置 VDD! 引脚标签。首先在 INVX1 的顶部画一个与电源线一致的矩形框(从左下角开始到右上角结束)。

(2) 当光标移动到右上角电源线边界时点击鼠标,标签 VDD! 出现在光标附近。

(3) 移动光标到要求放置 VDD! 的位置,放置引脚名称。

重复上面步骤,依次放置其他引脚(GND!,A,Z)。若引脚标签的大小不合适,则可以通过修改属性中的 Height 对其进行调整,电源引脚处一般输入 0.3,信号输入 0.2。在这里要确保引脚标签与原理图保持一致(如 VDD 和 GND 是输入引脚),最终的版图形式如图 12-28 所示。

到目前为止,这还只是完成了理论意义上的版图,我们还需要运行 DRC 以确保设计符合设计规则。完成一次或多次 DRC,若版图完全正确,则所设计的版图应该满足设计规则并且会有相应的信息显示。

12.3.10 用 Diva 检查版图与原理图的一致性

到目前为止,还不能说完成了版图的设计,还需要检查之前设计的版图与对应单元中设计的原理图是否匹配,检查过程是在 Diva 中根据 LVS 来完成的。

(1) 在 Layout Suite L Editing 窗口中,选择 Verify→Extractor,将弹出如图 12-29 所示的窗口。点击 OK 按钮后,Diva 自动开始对完成的版图进行版图提取工作。该项工作完成后,CIW 会有相应的提示,如图 12-30 所示。同时,在 lab12 库中的 INVX1 单元中会出现一个 Extracted 的视图。

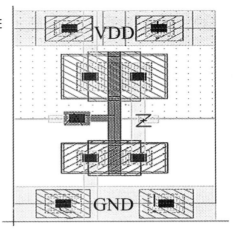

图 12-28 创建引脚标签的结果

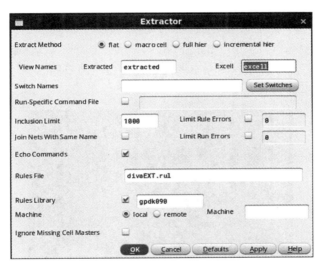

图 12-29 Extractor 窗口

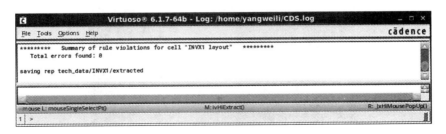

图 12-30 提示窗口

(2) 关闭 INVX1 的版图设计窗口,打开 Extracted 的视图,该视图界面与版图设计界面非常相似。

(3) 接着选中 Verify→LVS,将弹出如图 12-31 所示的窗口。

确保设置和图 12-31 中的相同。然后点击 Run 按钮,开始进行 LVS。

LVS 运行完成后,会弹出如图 12-32 所示的窗口。

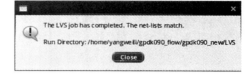

图 12-31　Artist LVS 窗口　　　　　　　　　图 12-32　结果窗口

若图 12-32 中显示为 The net-lists Match，则表示整个 INVX1 版图的设计完成；若不是，则还需要进一步分析原理图和版图两者连接关系的不同。

图 12-33 为反相器原理图。

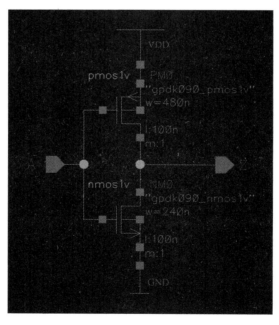

图 12-33　反相器原理图

13

NAND2 版图设计与 Assura 版图验证工具

13.1 实验目的

(1) 熟悉器件版图 Pcell 自动生成方法。

(2) 熟悉 CMOS 电路版图设计流程和了解数字模块设计方法。

(3) 掌握 Diva 版图验证工具的使用方法。

13.2 实验原理

本次实验旨在使参与实验的同学进一步熟悉电路版图的设计,同时学会利用 Cadence 软件中的 Virtuoso XL(VXL)进行一些智能化的版图设计。利用 Virtuoso XL 可减少在版图设计中遇到的困难,从而加快设计速度。本次实验的内容是二输入与非门。

在版图验证工具方面,本次实验介绍了 Assura 版图验证工具的使用。Assura 版图验证工具是 Cadence 新一代深亚微米模拟和混合 IC 版图验证、寄生参数提取及分辩率增强可制造性的解决方案。它采用层次化、多处理器模式等专利技术,大大提高了系统验证的精度,还提供了最佳的用户界面以便于快速定位和纠正错误,从而提高了设计效率。Assura 版图验证工具与 Cadence 前端的原理图输入工具(Virtuoso Composer)、模拟电路仿真环境(Analog Design Environment)、后端的版图编辑工具(Layout Suite L Editing)完美集成,使其具有全订制 IC 从前端到后端的完整设计流程。

Assura 版图验证工具主要有设计规则检查、电气规则检查、版图和原理图一致性检查、寄生参数提取。

值得一提的是 Assura 版图验证工具的寄生参数提取工具,该工具在模拟或射频集成电路中具有重要的地位。在后面的实验中,大家将学到该工具的应用方法。

13.3 实验内容

13.3.1 预备操作知识——简单的布局

运行 Cadence,进入库管理器 Library Manager,在库文件 lab13 中建立一个二输入与非门 NAND2X1,选择 Virtuoso,可以立刻看到 NAND2X1 版图所需的 NMOS 器件,如图 13-1 所示。

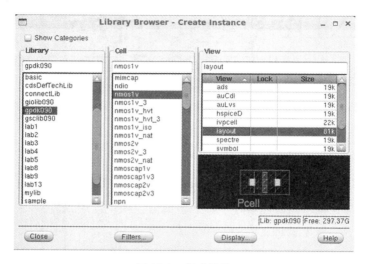

图 13-1　新建器件

回到版图设计编辑窗口,进行一个实例。这个晶体管看起来很小,按 f 键可以将其调整为合适的大小,其布局如图 13-2 所示。

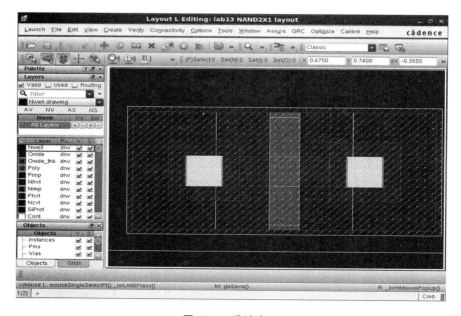

图 13-2　设计窗口

现在，编辑实例使其堆叠。请按 q 键来编辑对象属性，如图 13-3 所示，把 Total Width 设置为 430nm（按住 Tab 键，Finger Width 将会自动变为 430nm）。我们计划用二输入与非门，故将 Fingers 改为 2。

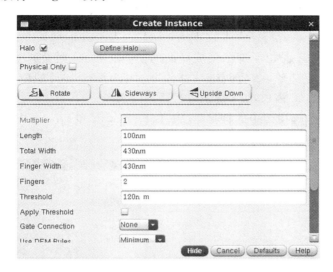

图 13-3　过程

点击 OK 按钮，两个合并起来的晶体管如图 13-4 所示。按 f 键（在 Window 下的 Fit 的快捷键），版图就会分布在窗口的中心位置。

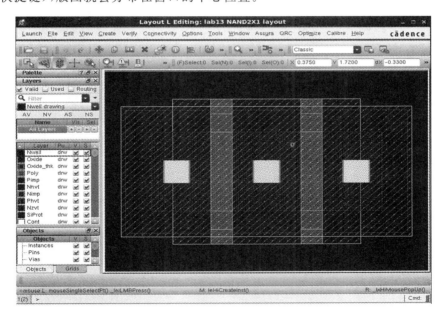

图 13-4　合并晶体管

最后，可以在 Virtuoso 中进行设计。用快捷键 u 或选择 Edit→Undo 可以撤销上一步的操作。也可以重新做一次操作，用快捷键 Shift＋u 或选择 Edit→Redo。

现在我们有了一个问题，不能为了生成一个合并的晶体管而删除源极或漏极，即用到的晶体管的中间并没有重叠的源极和漏极。这种设计工具是为了模拟或混合信号设计而准备的,所以这并不是我们所期望的。在另一种工具 Virtuoso XL 的帮助下,我们可以很好地实现它的数字功能。典型的模拟设计是一种全订制的方式,而数字设计通常需要借助某种工具的帮助才能进行一些复杂的设计。

13.3.2 用 Virtuoso XL 生成版图

Virtuoso XL 是一种由原理图生成版图的工具。首先,删除那些现有的和一些完全没有任何意义的晶体管,然后创建一个名为 NAND2X1 器件的原理图。进入 Schematic Editor L Editing 窗口,按 i 键来进行器件的选择。

如图 13-5 所示,选中图中的符号,设置 Total Width 和 Finger Width 都为 430nm,点击 Hide 按钮,以添加到原理图中。

图 13-5　添加到原理图

这是一个四端的 NMOS 器件。在原理图中,请把两个 NMOS 晶体管并联使其成为 NAND2X1 的两个输入端。也可以按 p 键,指定引脚名称和引脚性质(输入/输出)到原理图中。

如图 13-6 所示,指定输入引脚为 A B VDD GND,点击 Hide 按钮,依次放置这些引脚。

添加输出引脚 Z 并放置,将这些引脚和晶体管连线,最后的原理图如图 13-7 所示。

13.3.3 VXL 版图设计的编辑

现在,可以在原理图中调入 Layout XL,选择 Launchs→Layout XL,会弹出一个原理图的窗口并询问定义参考连接。这个交互式的窗口如图 13-8 所示。Cell 的名字为 NAND2X1,点击 OK 按钮。

现在回到 Layout XL 来为原理图生成版图。选择 Connectivity→Generate→All From Source,将会出现如图 13-9 所示的窗口。

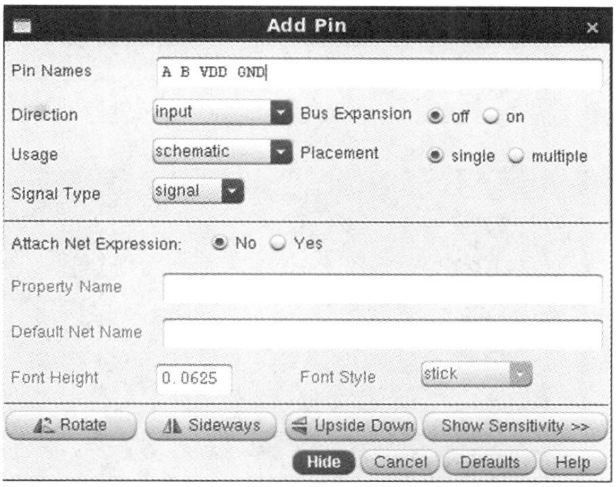

图 13-6 依次放置这些引脚

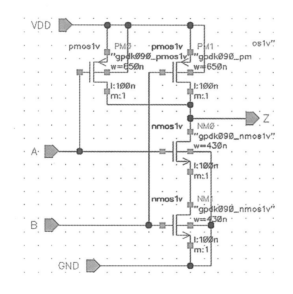

图 13-7 原理图

现在让我们来做一个练习：如果想用 Metal2 来代替引脚 A、B 和 Z，就选择 A、B 和 Z（按 Crtl 键以进行多次选择），选择 Metal2 绘图线，然后点击 Update 按钮，再点击 OK 按钮。

最初的引脚和晶体管的摆放位置如图 13-10 所示。这些晶体管及其引脚都在边界框的外面，这是一个最佳的估计尺寸。在边界框内，自动布线将驱使所有的线按规定的路线走，边界框可能会重新设置尺寸来适应所有的器件。在重新设置尺寸时要牢牢记住，一个经典的标准单元是有固定高度的。

VXL 允许我们生成一个共享源极或漏极的晶体管。放大两个晶体管（按 z 键，在晶体管的旁边画一个框），点击晶体管，移动时晶体管的连接就会显示出来。如图 13-11 所示的是向上拖晶体管的操作，如图 13-12 所示的是向右拖晶体管的操作。当源极和漏极重合时，在空白处单击左键以确定其位置。

现在，可以看到共享源极和漏极的晶体管的叠加，如图 13-13 所示。这是 NAND 中一个很好的 NMOS 叠加的图形，由于使用了 VXL 工具，当看到两个 NMOS 部分重

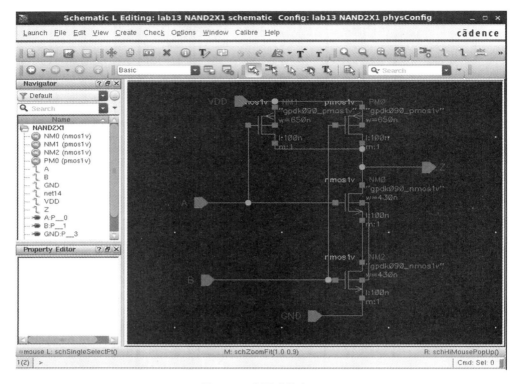

图 13-8 交互式的窗口

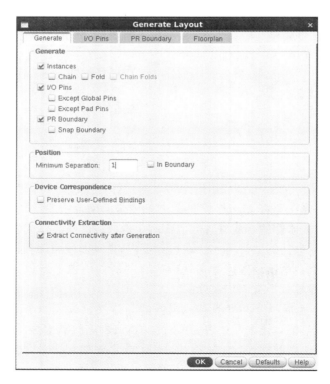

图 13-9 生成版图窗口

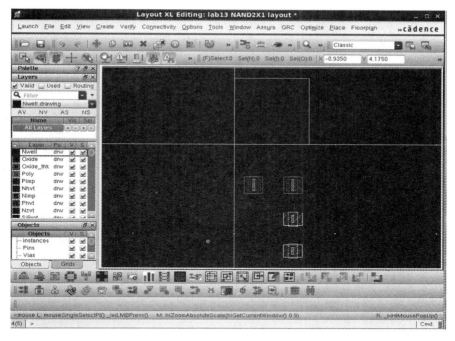

图 13-10　版图

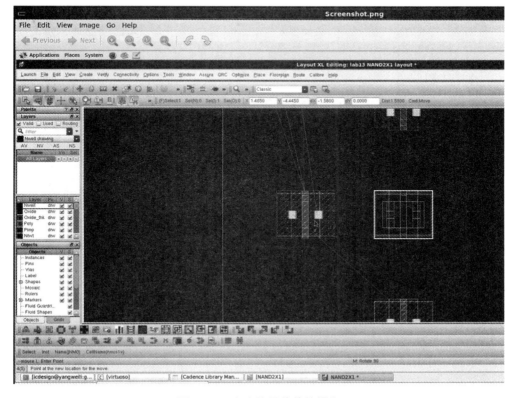

图 13-11　向上拖晶体管的操作

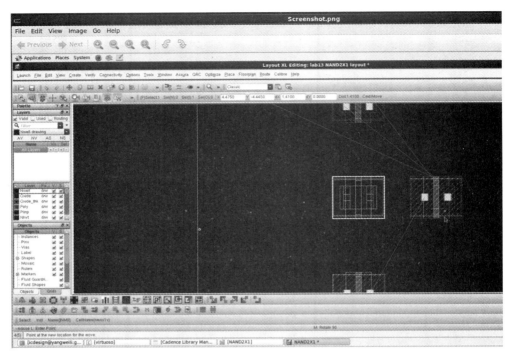

图 13-12　向右拖晶体管的操作

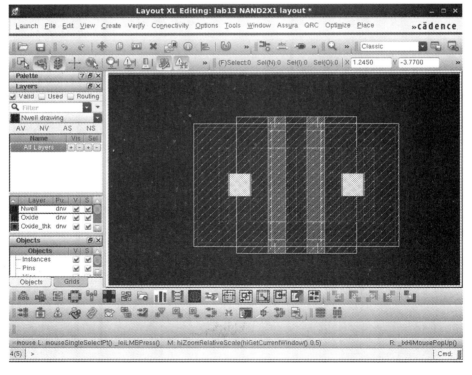

图 13-13　叠加

叠时,相应的源极和漏极的连接就都消失了。两个 NMOS 的位置分别为点($x=1.48$,$y=1.66$)和点($x=1.92$,$y=1.66$)。

　　回到大图中来,将图调整到合适的大小,选择两个 NMOS 晶体管(按住鼠标左键不放,移动虚拟的方框),将它们移动到边界框中,如图 13-14 和图 13-15 所示。

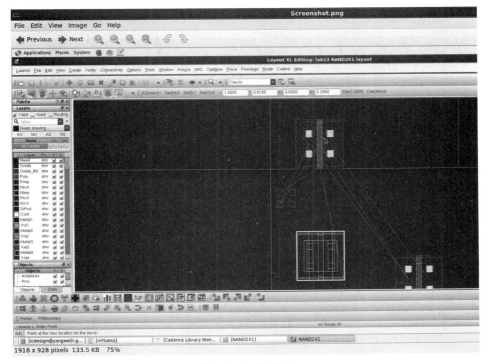

图 13-14　拖动 1

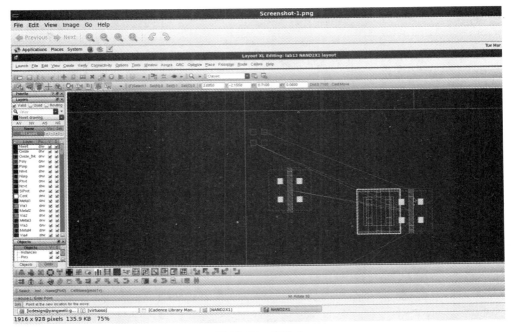

图 13-15　拖动 2

对于 PMOS 晶体管,也进行同样的操作。两个 PMOS 的位置分别为点($x=1.48$, $y=4.24$)和点($x=2.32$, $y=4.49$)。

PMOS 晶体管共用漏极,这是因为它们是并联在一起工作的。连通性信息用 VXL 通过原理图来提取,如图 13-16 所示。

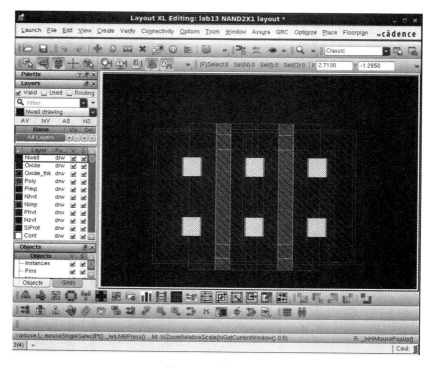

图 13-16 共用漏极

编辑 prBoundary 的属性,指定各参数如图 13-17 所示,即 Left $=0$, Right $=1.8$, Bottom $=0.3$, Top $=3.3$。

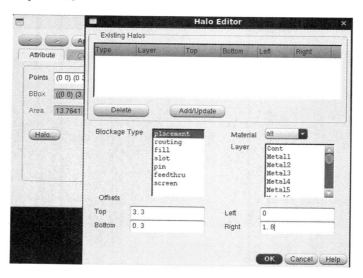

图 13-17 指定参数

在反相器 INVX1 单元中,标准单元高为 $3.6~\mu\mathrm{m}$,包括电源和地在边沿处延伸的 $0.3~\mu\mathrm{m}$。用 prBoundary 来画边框。用 Nwell 添加尺寸为 $1.8~\mu\mathrm{m}\times1.96~\mu\mathrm{m}$ 的边框。选择 PMOS 晶体管,向左或向右缓慢移动,以确保 Poly 线不超越它的路线,完成的版图如图 13-18 所示。对各层的参数设置如下:

Nwell	Left=0	Right=1.8	Bottom=1.64	Top=3.6
电源 Metal1	Left=0	Right=3.6	Bottom=6	Top=7.2
地 Metal1	Left=0	Right=3.6	Bottom=0	Top=1.2

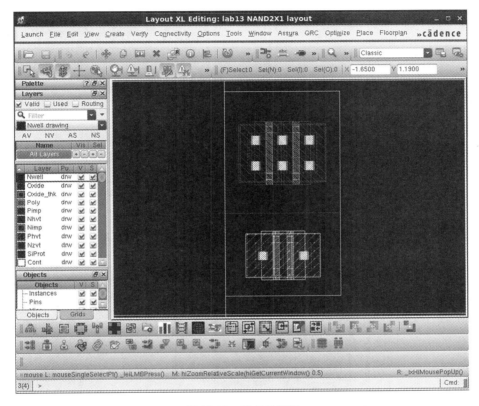

图 13-18 完成的版图

添加电源线可以采用 Create Path 命令(记住,在 CDS. log 窗口的交互式设置中,可以选择 Options→User Preferences/Options Displayed When Commands Start)。在交互式选择菜单中,设置路径 Width 为 0.12,画出电源线,如图 13-19 所示。

对本次设计进行连线,可能遇到对多重引脚的选择。例如,当选择 PMOS 去连接其源级到 VDD 时,就有多重的 Metal1 线,所以就有如图 13-20 所示的询问路径。做出明确的选择后点击 OK 按钮。然后所要求的路径就会变得很明显,如图 13-21 所示。

继续画线一直到所有的信号路线都走通。将 VDD 和 GND 移动到电源线上,在放置 I/O 引脚和添加标记引脚之前,版图如图 13-22 所示。

连接引脚,如 A、Z 等,将它们垂直对齐,此时,版图如图 13-23 所示。

现在仔细看一看,那些与 Poly 线接触的地方,它会利用 Create Path 自动生成如图 13-24 的连接,但这样不够规整。所以我们将 Poly 线延长了一点,如图 13-25 所示。

我们至少可以用两种方法来查证它:DRC 和 LVS(结点在左边仍然能够通过 DRC)。

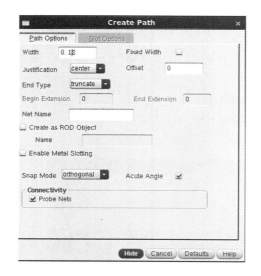

图 13-19 画出电源线

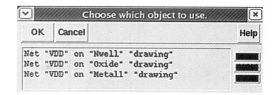

图 13-20 询问路径

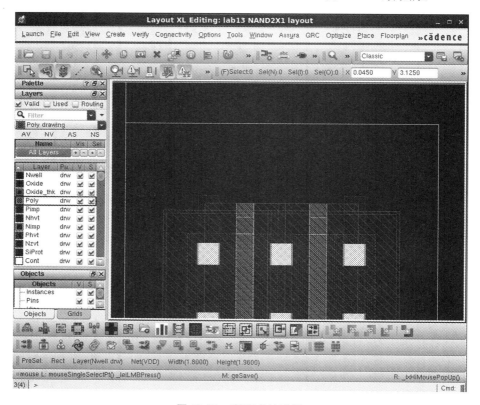

图 13-21 所要求的路径

13.3.4 在版图中添加信号引脚

下面以添加引脚 A 为例来进行介绍。

在放置引脚之前,首先应该确保 Layout Display 的性能为可见的。在 Layout XL Editing 窗口下,选择 Options → Display,或利用快捷键 e,如图 13-26 所示。选择 Pin

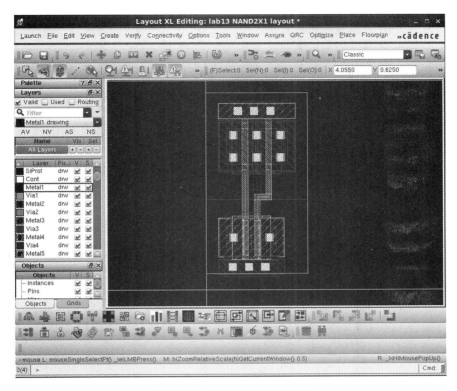

图 13-22 添加标记引脚之前

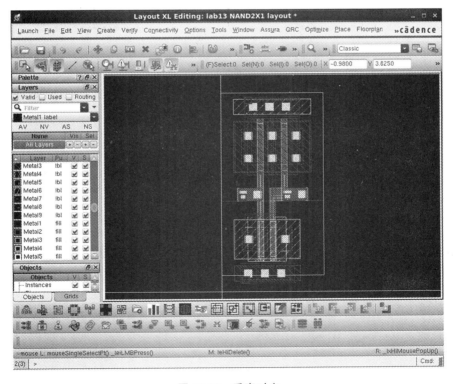

图 13-23 垂直对齐

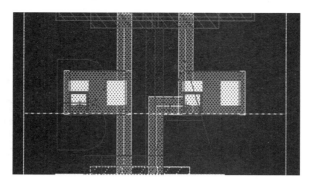

图 13-24 自动生成

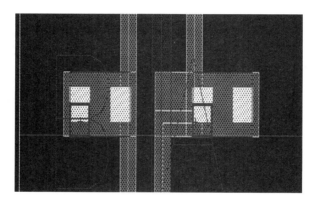

图 13-25 Poly 线延长

图 13-26 Display Options 窗口

Names 选项,使其引脚名称为可见,点击 OK 按钮,生成信号引脚,按 l 键以写出引脚名称,如图 13-27 所示,点击 OK 按钮。用信号引脚的信号来添加这个引脚区域,如图 13-28 所示。最终的 NAND2X1 版图如图 13-29 所示。

图 13-27　写出引脚名称

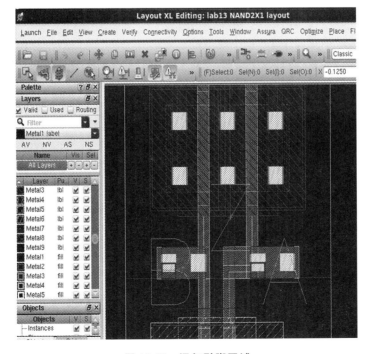

图 13-28　添加引脚区域

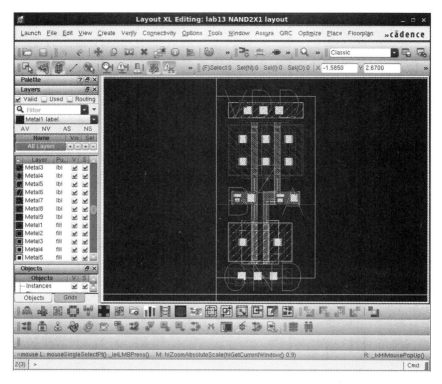

图 13-29　最终的 NAND2X1 版图

现在,我们需要检查版图设计规则,以及检查版图与原理图是否匹配。

13.3.5　DRC

执行 DRC,可以在 Layout XL Editing 窗口下选择 Assura→Run DRC,DRC 形式如图 13-30 所示。确定将 Rules File 的路径设置为 gpdk090 的路径/ass_drc。点击 OK

图 13-30　DRC 形式

按钮,运行 DRC,如图 13-31 所示。在 DRC 进行的过程中,可以监视 DRC 的运行情况。操作方法是点击 Watch Log File,再点击 OK 按钮即可。

图 13-31 运行 DRC

DRC 运行完成时,弹出如图 13-32 所示的窗口。

点击 Yes 按钮,查看结果,如图 13-33 所示。

下一步为检查版图与原理图是否匹配。在这之前,要先关闭 Assura DRC。操作方法是选择 Assura→Close Run。

13.3.6 LVS

选择 Assura→Run LVS,弹出如图 13-34 所示的窗口。版图提取文件和版图比较文件的路径设置如下。

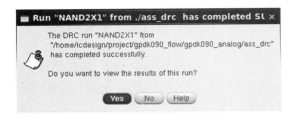

图 13-32 运行完成

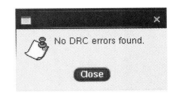

图 13-33 DRC 成功

图 13-34 Run LVS

(1) 版图提取文件的路径为:.../gpdk090_analog/assura/extract.rul。

(2) 版图比较文件:.../gpdk090_analog/assura/compare.rul。

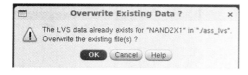

图 13-35　进行 LVS

确定文件的路径后,点击 OK 按钮,开始进行 LVS。如果出现如图 13-35 所示的窗口,那么点击 OK 按钮。

如果完成的版图设计中的连线和原理图中的一致,那么会得到如图 13-36 所示的信息;如果不一致,那么请仔细检查版图设计。

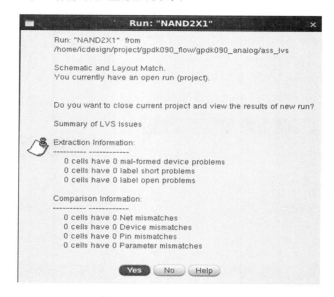

图 13-36　一致结果的窗口

点击 Yes 按钮,查看 LVS Debug 窗口,如图 13-37 所示。若关闭这个窗口,则选择 Assura→Close Run。

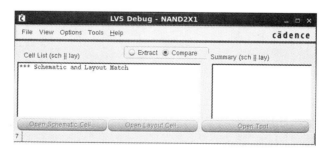

图 13-37　LVS Debug 窗口

13.3.7　最后的单元——符号的生成

原理图窗口中,选择 Create→Cellview→From Cellview,从原理图到符号生成过程如下。

点击 OK 按钮,弹出如图 13-38 所示的窗口。

修改 Pin Specifications 中的 VDD 和 GND 引脚,将它们分别放在 Top Pins 和 Bottom Pins(见图 13-39),点击 OK 按钮。默认的符号方框就生成了,如图 13-40 所示。

修改符号使其成为经典的与非门的代表符号。在 Symbol L Editing 窗口中,选择

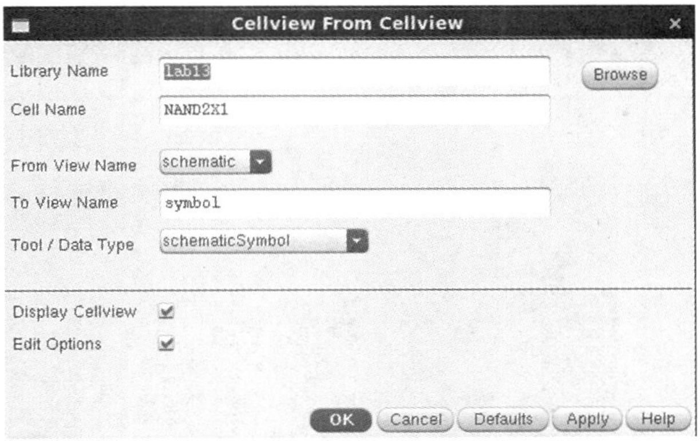

图 13-38　Cellview From Cellview 窗口

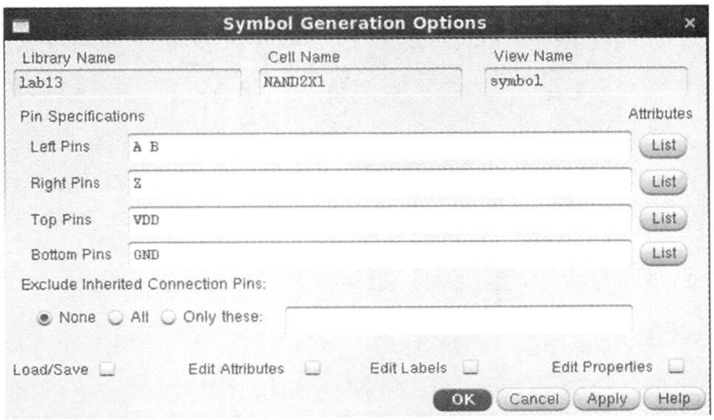

图 13-39　修改引脚

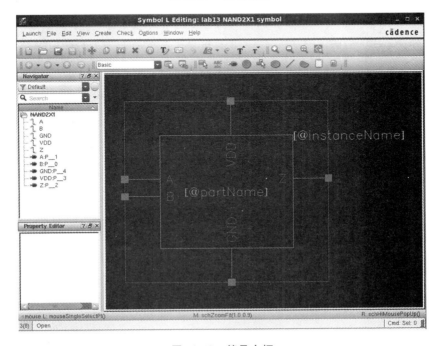

图 13-40　符号方框

Add 菜单，可选择所需的形状，最终的符号图形如图 13-41 所示。

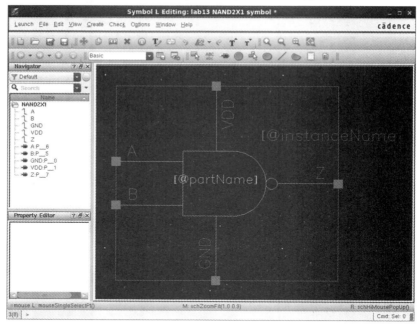

图 13-41　最终的符号图形

选择 Save，在 CDS. log 窗口中会出现："NAND2X11 symbol" saved。这样就完成了二输入与非门的设计。它将用于分层原理图和版图的设计。

13.4　拓展实验

完成 NOR2X1 的版图，并利用 Assura 工具进行检查和验证，其原理图如图 13-42 所示。

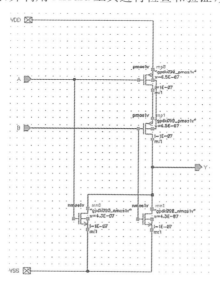

图 13-42　原理图

14

环形振荡器设计、仿真与 Assura 版图验证工具

14.1　实验目的

（1）熟悉版图设计环境。
（2）掌握层次化设计方法。
（3）掌握版图综合设计方法。

14.2　实验原理

在较为复杂的电路中，因为电路器件个数相对庞大，所有电路单元不可能都以器件的形式出现在电路里。为了简化电路形式，可采用特定的电路符号，即每个符号代表一个电路单元，甚至在电路符号中还可再嵌套符号，由此形成多层电路结构，这就是层次化（Hierarchy）设计。层次化设计简化了电路结构，便于电路设计与仿真，在全订制数/模混合集成电路的设计中，利用层次化进行电路设计已经成为一种必然的方式的方法。

14.2.1　层次化电路设计的特点

（1）大量器件可以用一个符号代表。
（2）符号可以代表器件、单元电路模块。
（3）同一符号可以出现在不同层次。
（4）设计中不再需要特定的结构形式。
（5）方便不同层次间的设计。

14.2.2　层次化设计方法

（1）选择要进入下层（或返回上层）的符号。
（2）进入下层：选择 Design→Hierarchy→Descend Edit 或按盲键［E］。
（3）返回上层：选择 Design→Hierarchy→Return 或按盲键［ˆe］。

（4）返回顶层：选择 Design→Hierarchy→Return To Top。

在版图验证工具方面，本次实验介绍了 Assura 版图验证工具的使用。Assura 版图验证工具是 Cadence 新一代深亚微米模拟和数/模混合 IC 版图验证、寄生参数提取及分辨率增强可制造性的解决方案。它采用层次化、多处理器模式等专利技术，这大大提高了系统验证的精度；它还提供最佳的用户界面以便于快速定位和纠正错误，从而提高设计效率。Assura 版图验证工具与 Cadence 前端的原理图输入工具、模拟电路仿真环境、后端的版图编辑工具完美集成，使其具有全订制 IC 从前端到后端的完整设计流程。

Assura 版图验证工具主要有设计规则检查、电气连接检查、版图与原理图一致性检查、寄生参数提取等 4 种。

在这里值得一提的是 Assura 版图验证的寄生参数提取工具，该工具在模拟或射频集成电路中具有重要的地位。在本次实验中将介绍该工具的应用方法。

14.3　实验内容

14.3.1　层次化设计——环形振荡器

到目前为止，我们已经能够完成反相器的原理图和符号的设计，接下来让我们再创建一个环形振荡器的电路。进入 Library Manager 窗口，新建名为 ring_osc 的单元，并将一个器件添加进到 lab14 库中（见图 14-1）。反相器的原理图设计请参考本书的 lab3 内容。

我们创建一个 15 级的环形振荡器以测试 1x 反相器的延迟时间。在 Schematic Editor L Editing 窗口中，在 lab14 库中放置 INVX1 器件。进一步说，为使原理图有较好的可读性，将 15 个反相器分 3 行，每行放 5 个。为了快速放置第一行的器件，在 Array 的 Columns 处填入 5（表明想放入 5 个器件），如图 14-2 所示。然后点击 Hide 按钮（或按 Enter键）以放置第一行的器件。接着向右移动鼠标以放置其他器件，如图 14-3 所示。

图 14-1　添加器件

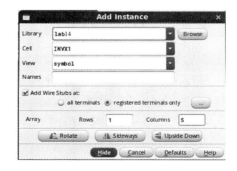

图 14-2　添加器件

为方便 VDD 与 GND 的信号通过，我们将翻转和旋转第二行的器件。在 Add Instance 窗口中，在 Columns 中填入 5，同时点击 Sideways 与 Upside Down 按钮。最后，用同样的方法创建第三行的器件，并将其放置在第二行的下面。最后的放置如图 14-4 所示。

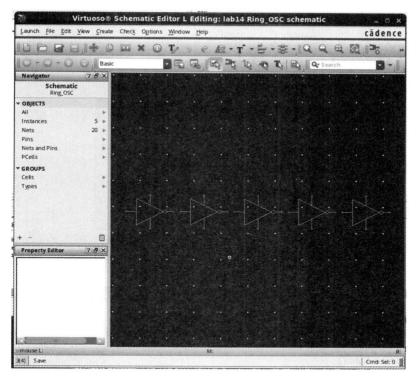

图 14-3 放置器件

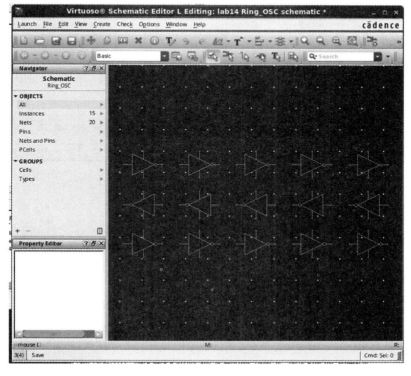

图 14-4 最后的放置状态

从 analogLib 中放置器件 VDD 与 GND 并连接原理图。同样,在环上标注一个点,这个点将作为测试延迟的测试点。可以从下拉菜单中选择 Add→Wire Name 或按 l 键来添加名为 TP 的标识,并将其放置在第一行的最后一个反相器的输出端上(见图14-5),最后的原理图如图 14-6 所示。

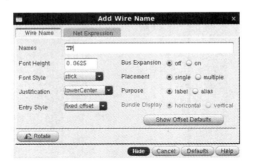

图 14-5   添加名为 TP 的标识

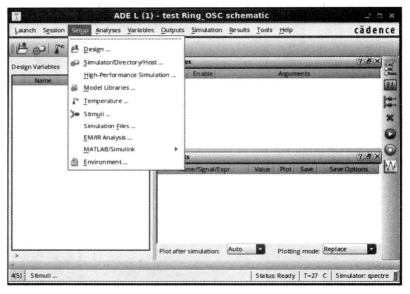

图 14-6   最后的原理图

14.3.2   环形振荡器延迟仿真

从 Schematic Editor L Editing 窗口中,选择 Launch→ADE L 以激活仿真环境,如图 14-7 所示。

另外在 ADE L 窗口的设置中,我们还需要将 VDD 设置为全局电源。

(1)如图 14-8 所示,在 ADE L 窗口中,选择 Setup→Stimuli,弹出如图 14-9 所示的窗口。

(2)选择 Global Sources 选项(见图 14-10),确定 VDD! 为高亮,选择 Enabled 选项,在 DC voltage 栏中输入 1.2,然后点击 Change 按钮,再点击 OK 按钮,完成的设置如图 14-10 所示。

(3)建立模型,选择瞬态分析持续时间为 1.5 ns 及精度为 moderate,如图 14-11 所示。

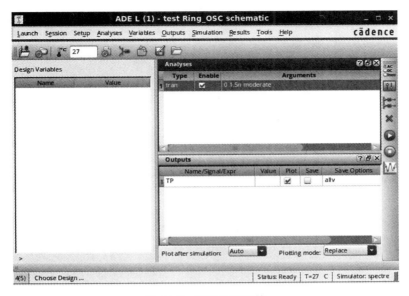

图 14-7 激活仿真环境

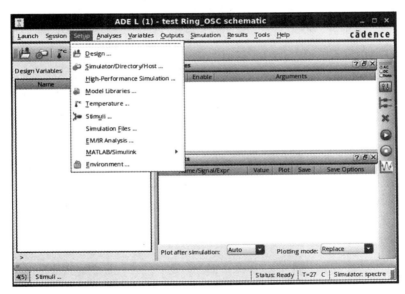

图 14-8 设置仿真环境 1

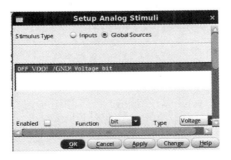

图 14-9 设置仿真环境 2

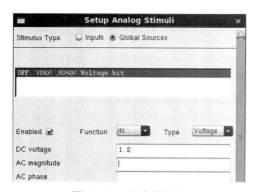

图 14-10　完成的设置

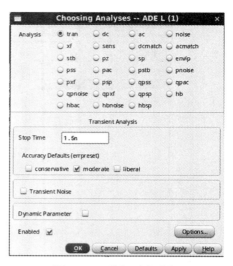

图 14-11　选择瞬态分析

（4）选择 TP 作为绘制输出端。最后得到如图 14-12 所示的波形来作为仿真结果。

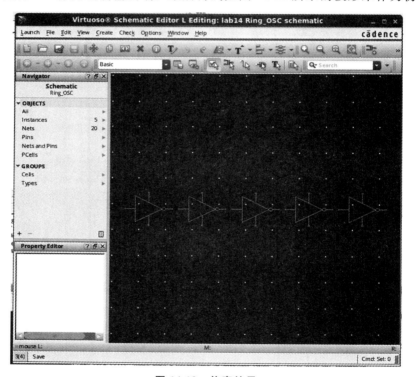

图 14-12　仿真结果

　　现在计算振荡器的周期。在 calculator 窗口中，在 Selection Choices 下选择 tran 和 vt，然后点击 Delay 按钮，Schematic Editor L Editing 窗口将弹出需要探测的波形，选择 TP 后返回到 calculator 窗口，完成情况如图 14-13 所示。

　　如图 14-14 所示，Signal1 和 Signal2 处都读入 VT（"/TP"），设置 Threshold Value 1 为 0.5 且 Edge Number 1 为 1，Edge Type 1 为 rising（falling 也可以）。点击 OK 按钮以确定第二个触发点。

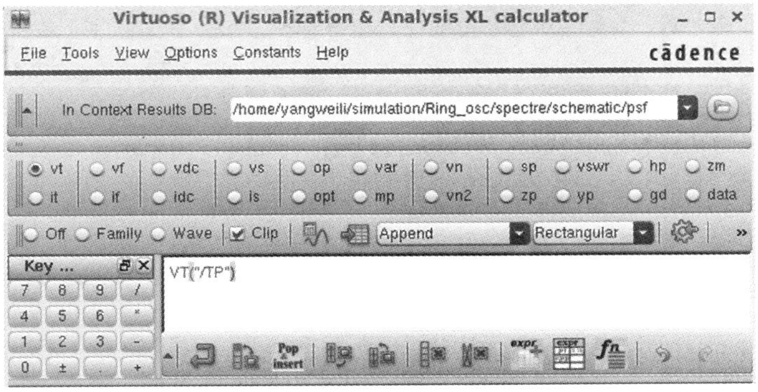

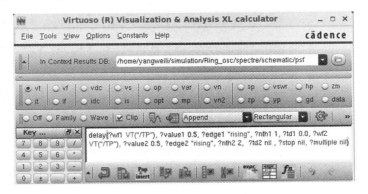

图 14-13　完成的情况

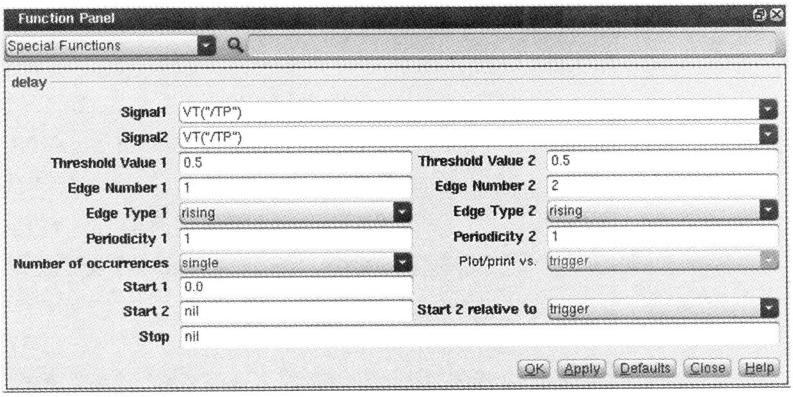

图 14-14　参数设置

点击 OK 按钮以计算信号 TP 第一个和第二个上升沿之间的延迟。点击 OK 按钮，将出现如图 14-15 所示的窗口。

图 14-15　计算信号延迟

点击 Eval 按钮来估算以上显示的表达式。如图 14-16 所示，表达式的计算结果约为 320.9 ps，这是振荡器的周期。对于门延迟，周期 T 共有 15 个转换。

$$T = N \cdot (\mathrm{tp_{LH}} + \mathrm{tp_{HL}}), \quad 门延迟 = \mathrm{tp} = (\mathrm{tp_{LH}} + \mathrm{tp_{HL}})/2$$

其中，N 是级别类，因此有

$$\mathrm{tp} = T/2N$$

因为 $N = 15$，$\mathrm{tp} = 320.9/30 \ \mathrm{ps} \approx 11 \ \mathrm{ps}$，这说明一级反相器的延迟时间约为 11 ps。

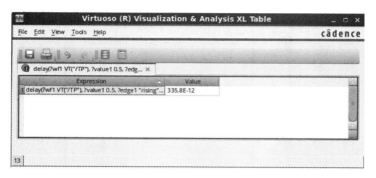

图 14-16　计算结果

14.3.3　由原理图到版图

1. 对环形振荡器进行版图设计

打开库 lab10 中 ring_osc 单元的原理图。该原理图和我们之前完成的环形振荡器没有太大差别,然后将环形振荡器的原理图转化成版图。打开 Layout Suite XL Editing 窗口,选择 Launch→Layout XL。在 VXL 窗口中,不创建 I/O 引脚(因为在最终的设计中,我们不知道要用多少 VDD 和 GND)。图 14-17 所示为刚生成版图时的部分情形。

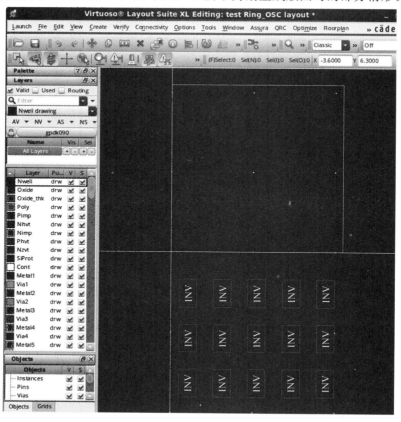

图 14-17　刚生成版图时的部分情形

点击各器件可以看到它们在原理图中对应的位置,把它们排成原理图中对应的三行,当拖动某一个器件时可以看到原理图中对应的飞线,如图 14-18 所示。

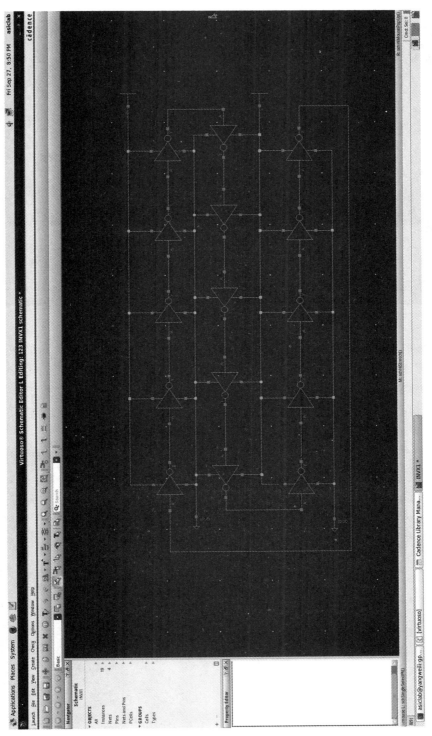

图 14-18　对应的飞线

把第二行和第三行的器件按原理图依次排好（注意第二行的顺序），排完后如图14-19和图14-20所示。

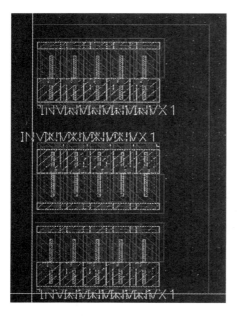

图 14-19　排序 1

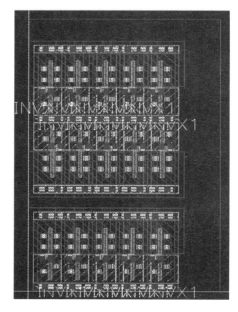

图 14-20　排序 2

接下来把地线和地线相连，电源线和电源线相连，然后把第一行的 P 衬底和第二行的 P 衬底相连，使它们的 GND 电源线重合。可以看到衬底接触已经完全的重合，同样，把第二行和第三行的电源线 VDD 重合在一起，如图 14-21 所示。最后，把布局完成的 15 个反相器放置到原点处，并调节 prBoundary 的尺寸，这样就完成了最初的布局，如图 14-22 所示。

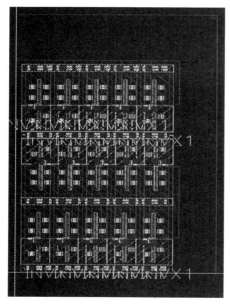

图 14-21　地线和地线相连

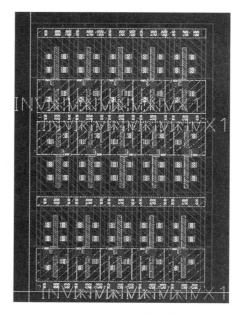

图 14-22　最初的布局

2. 布线

对内部信号进行连线，选择 Create Path，并选中其中的一条信号线（引脚 Z）时，目的端（引脚 A）会变成高亮，从而引导连线，这在大型的电路设计中非常有用。如图 14-23所示，A 和 Z 都以绿色高亮显示。

接下来用 Metal2 和 Metal3 把不同行的信号线连接起来，一般为了布线方便，习惯于使用 Metal2 进行垂直走线，使用 Metal3 进行水平走线。接触孔按照实际的情况选择 M1_M2（金属一层到金属二层）、M2_M3（金属二层到金属三层），且接触孔可以叠加。完成的布线如图 14-24 所示。

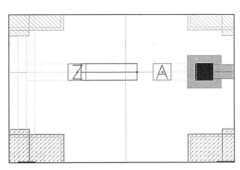

图 14-23　引导连线

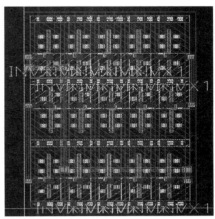

图 14-24　完成的布线

14.3.4　DRC

执行 DRC，可以在 Layout Suite XL Editing 窗口中选择 Assura→Run DRC，DRC 形式如图 14-25 所示。确定 Rules File 的路径设置为如图 14-25 所示。点击 OK 按钮，

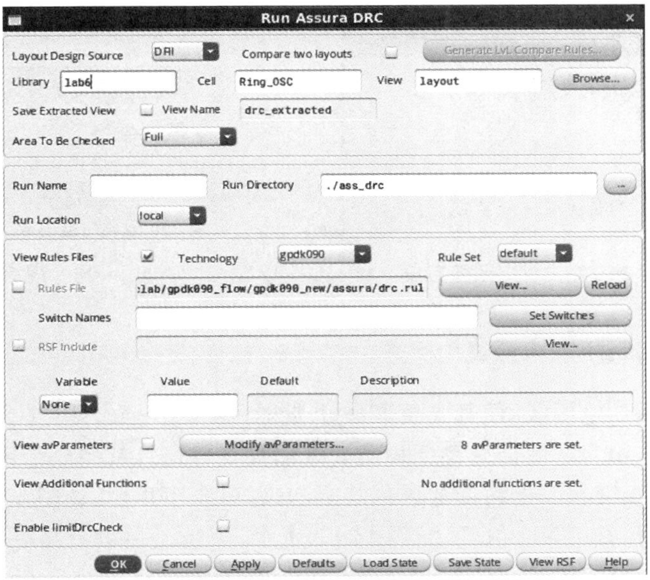

图 14-25　DRC 形式

运行 DRC,如图 14-26 所示。在运行 DRC 过程中,可以监视 DRC 的运行情况。操作方法是选择 Watch Log File,点击 OK 按钮。

图 14-26　运行 DRC

　　DRC 运行完成时,会弹出如图 14-27 所示的窗口。点击 Yes 按钮,查看结果。如果设计是按照规则进行的,那么就会出现如图 14-28 所示的窗口。

图 14-27　DRC 运行完成

图 14-28　成功

14.3.5　版图编辑:添加电源线和标签

　　用 Metal4 添加电源线,使其高度和整个版图的高度一致。用 5 个竖直的线条(线条的宽度为 1.78 μm,宽度恰好将反相器的源漏极都盖住),其中 3 个用于 VDD,2 个用于 GND,顺序相互交替。把内部的层都隐藏起来,只剩下顶层,如图 14-29 所示。

　　创建接触孔连接 GND 信号,如图 14-30 所示,接触孔在黄色高亮方框内。接触孔包括-M1/M2 接触孔(因为电源线比较宽,所以放 2 排 2 个接触孔,可用 Pcell 生成),-M2/M3 接触孔(因为电源线比较宽,所以放 2 排 2 个接触孔,可用 Pcell 生成),-M3/

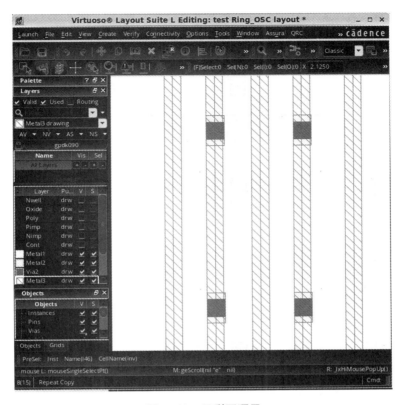

图 14-29   只剩下顶层

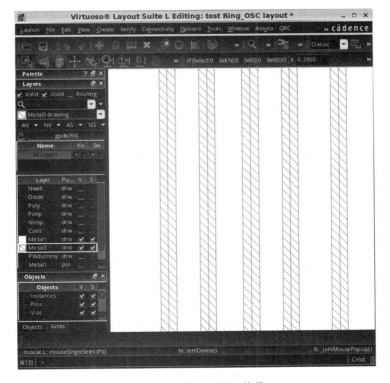

图 14-30   连接 GND 信号

M4 接触孔(放 2 排 2 个接触孔,可用 Pcell 生成)。

用同样的方法创建接触孔连接 VDD 信号。完成 VDD 放置后则出现如图 14-31 所示的高亮部分。

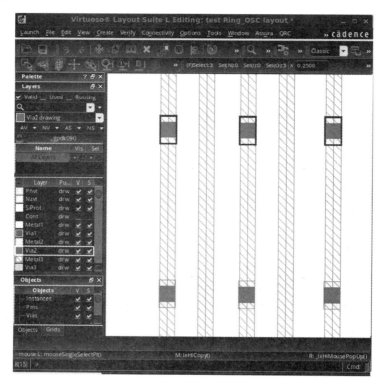

图 14-31　放置完成

最后,添加 VDD 和 GND 引脚,并在 Metal3 层创建引脚(Ctrl+p)。

如图 12-26 所示,在 Terminal Names 中填上 VDD,选择 Create Label,I/O Type 选择 InputOutput,点击 Hide 按钮以创建引脚。把 VDD 放置在版图的底部,同时在其他需要的地方进行复制(因为在 M3 上的电源条是不连接的,可以通过放置引脚使它们逻辑连接)。

说明:在大型的设计中,所有的电源线和地线都是在顶层进行连接的,最后保存版图。

最后再进行一遍 DRC,使版图满足所有的设计规则。

14.3.6　版图编辑:拉伸命令

选择 Edit→Stretch 或按快捷键 s 以改变尺寸。进入拉伸模式后,当鼠标在边框附近移动时,边线会变成高亮,单击左键然后拖动到目的位置就可以了。

然后在 LSW 中选中 AV,回到版图编辑窗口并按快捷键 Ctrl+r 以显示所有的层,现在再进行一遍 DRC。

14.3.7　LVS

选择 Assura→Run LVS,会弹出如图 14-32 所示的窗口。Extract Rules 与 Compare Rules 的路径设置如下:

图 14-32 开始运行 LVS

（1）版图提取 Extract 文件路径：/home/yangweili/gpdk090/assura/extract.rul。
（2）版图比较 Compare 文件路径：/home/yangweili/gpdk090/assura/compare.rul。
确定文件的路径后，点击 OK 按钮，开始运行 LVS。
如果完成的版图设计中的连线和原理图中的一致，那么会得到如图 14-33 所示的
信息；如果不一致，那么请仔细检查版图。

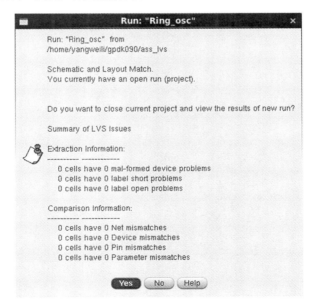

图 14-33 一致

点击 Yes 按钮,查看 LVS Debug 窗口,如图 14-34 所示,然后关闭这个窗口(选择 Assura→Close Run)。

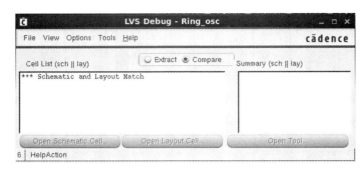

图 14-34　查看 LVS Debug 窗口

15

版图寄生参数的提取与后仿真

15.1　实验目的

（1）掌握并利用 Assura 版图验证工具进行 RC 参数提取。

（2）掌握版图后仿真的方法。

（3）了解 RC 寄生参数对电路设计的影响。

15.2　实验原理

正如我们所了解的，工艺层是芯片设计的重要组成部分。一层金属搭在另一层金属上面，或一个晶体管靠近另一个晶体管（这些晶体管全部都是在衬底上制作的）。只要在工艺制造中引入了两种不同的工艺层就会产生相应的寄生效应。这些寄生器件广泛地分布在芯片各处，而更糟糕的是我们无法"摆脱"它们。

我们非常不希望寄生器件出现，它会降低电路的速度，改变频率特性或产生一些意想不到的效应。既然寄生器件是无法避免的，那么电路设计者就要充分将这些因素考虑进去，尽量留一些余量以便减小寄生效应所带来的影响。

本次实验内容就是利用 Cadence 软件中的 Assura 版图验证工具对完成的版图进行寄生电阻及电容的提取，同时将提取后的结果返回到设计中。为了区别于 Schematic 视图，Assura 版图验证工具会在提取寄生参数之后自动产生一个 av_extracted 视图，在这个视图中会出现每个图层或图层与图层之间的寄生器件。最后，利用 config 视图，我们可以将仿真器件更换成具有寄生参数信息的 av_extracted 单元，接着就可以利用 ADE 来完成仿真工作。这样就能使仿真结果更接近于实际的芯片所要达到的结果。

在本次实验中，同一个电路，前仿真和后仿真的结果可能会有 $25\% \sim 30\%$ 的误差。所以这就要求电路设计者在对电路进行设计时必须考虑留有相应的余量。

在模拟集成电路设计或射频集成电路设计或 $0.5~\mu m$ 工艺以下的集成电路设计中，版图后仿真是设计过程中不可缺少的一环。

15.3 实验内容

15.3.1 INV 前仿真

1. INV 反相器仿真设置

打开 Cadence 软件,从 CIW 中打开所属库为 lab15 的 test_inv 单元的原理图。打开的原理图如图 15-1 所示,接下来就开始进行电路的仿真验证。

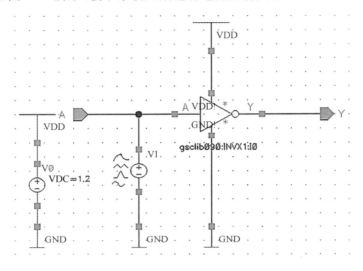

图 15-1　原理图

在 test_inv 单元的原理图中,选择 Launch→ADE L,打开 ADE L 窗口。

(1) 设置仿真环境包括设置模型、输入源及仿真类型。在 ADE L 窗口中选择 Setup→Simulator/Project Directory/Host,设置仿真的路径为 ~/simulation(见图15-2),操作完成后点击 OK 按钮。

图 15-2　设置仿真的路径

(2) 设置仿真器件模型文件。选择 Setup→Model Library,确认 Model Library File 到/.../gpdk090/.../.../models/spectre/gpdk090.scs,并且将 Section 设置为 NN,如图 15-3 所示,操作完成后点击 OK 按钮。

注意:若 Model Library Setup 窗口并非如图 15-3 所示,则需要通过点击 Browse

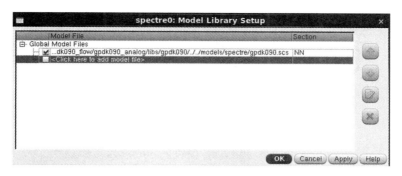

图 15-3　设置仿真器件模型文件

按钮来选择 Model Library File 到/.../gpdk090/.../.../models/spectre/gpdk090.scs 并且设置 Section 为 NN。

（3）设置仿真类型。选择 Analyses→Choose，就会弹出如图 15-4 所示的窗口，然后选择 tran 选项。同时设置 Stop Time 为 1m。在 Accuracy Defaults 中，选择 conservative，然后点击 OK 按钮。这表明我们即将对电路从 0 时刻开始，到 1 ms 时刻结束的瞬态仿真，且仿真精度为最高的精度。完成的设置和相应的 ADE L 窗口如图 15-5 所示。

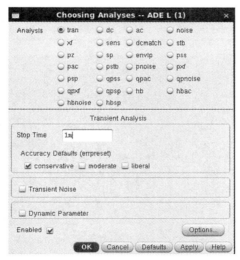

图 15-4　设置仿真类型

（4）选择仿真输出信号及其类型。选择 Outputs→To Be Plotted→Selected On Schematic，就会弹出原理图，点击输入端口 A 的信号和输出端口 Y 的信号，完成选择后，按 Esc 键，则返回到 ADE L 窗口，这时 ADE L 窗口如图 15-5 所示。

完成以上设置之后，软件就会自动开始仿真。在完成仿真之后出现如图 15-6 所示的波形。

2. 利用计算器计算延时

现在我们利用 Cadence 软件自带的科学计算器来测量反相器输入信号传送到输出端所需的时间，即反相器的延时。在以上完成的仿真波形界面中点击 Calculator 按钮，则弹出 Calculator 窗口。在 Calculator 窗口中的 Selection Choices 下选择 tran 和 vt，

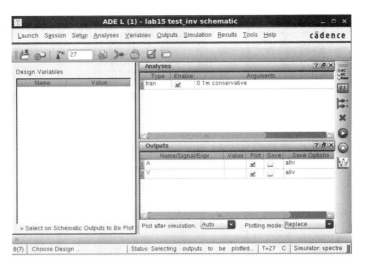

图 15-5　ADE L 窗口 1

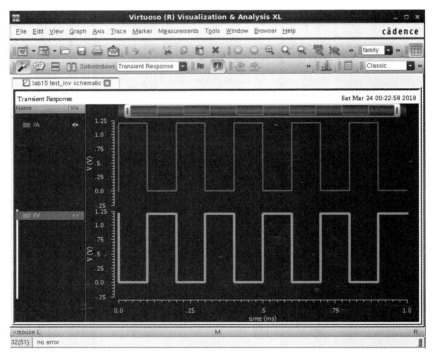

图 15-6　完成仿真之后出现的波形

ADE L 窗口将弹出供选择的探测波形。选择 Y 并回到 Calculator 窗口。然后在 Function Panel 下搜索 delay,完成的情况如图 15-7 所示。当然也可以手工更改测量信号。

在图 15-7 的下半部分 Signal1 处读入 VT("/Y"),Signal2 处读入 VT("/A")。设置 Threshold Value 1 为 0.6 且 Edge Type 2 为 rising。点击 OK 按钮以确定第二个触发点。参数的设置如图 15-8 所示。

点击 OK 按钮以计算信号 A 第二个下降沿与第一个下降沿之间的延迟。点击 OK 按钮,将出现如图 15-9 所示的窗口。

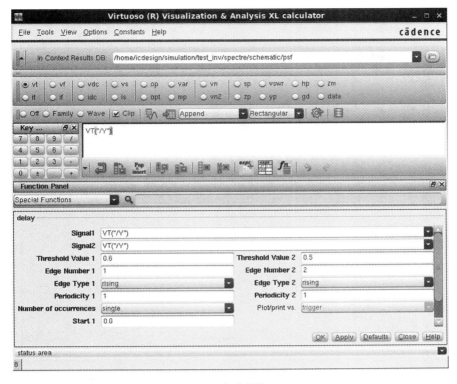

图 15-7　完成的情况 1

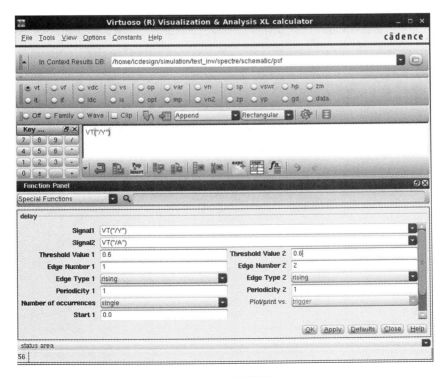

图 15-8　参数的设置 1

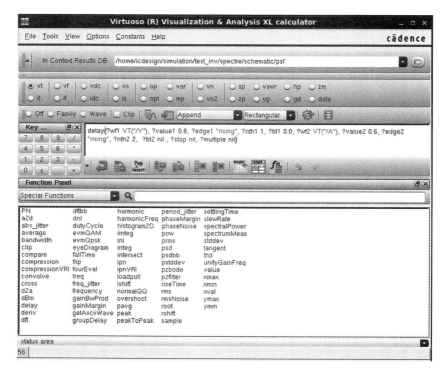

图 15-9　表达式计算 1

估算以上显示的表达式，表达式的计算结果约为 $100~\mu s$，如图15-10所示。

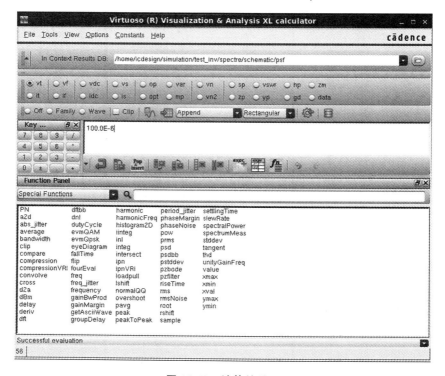

图 15-10　计算结果 1

15.3.2 利用 Assura 版图验证工具对反相器进行寄生参数的提取

现在利用 Assura 版图验证工具对反相器 INV 进行寄生参数的提取。

打开 lab15 库中的 INV 单元(注意打开的视图是 Layout),选择 Assura→Technology,如图 15-11 所示,点击 OK 按钮。

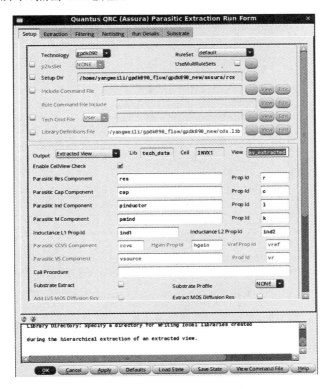

图 15-11 选择 Assura→Technology

选择 Assura→Run RCX,操作完成后弹出如图 15-12 所示的窗口。

选择 Setup 标签,在 output 中选择 Extracted View,在 Technology 中选择 gpdk090,相应的路径会变成/home/gpdk090assura,然后点击 Extraction 按钮。

在 Extraction Mode 中选择 RC,在 Name Space 中选择 Schematic Names(因为我们在版图上没有标注任何点),在 Ref Node 里输入 Y。操作完成后点击 OK 按钮。

在运行 Assura 之后,会弹出一个窗口对寄生参数进行提取,完成提取之后,点击 Close 按钮。

这时在 INV 单元中会出现一个名为 av_extracted 视图。有兴趣的同学可以打开这个视图并对其进行分析。注意:av_extracted 视图不可修改。

15.3.3 对设计进行后仿真

(1) 在 lab15 库中的 test_inv 单元中新建一个视图,视图名为 config,Open with 设置为 Hierarchy Editor,如图 15-13 所示。在随后弹出的窗口中,将 Top Cell 的 View 更改为 schematic。点击 Use Templat 按钮,在 View List 中加入 av_extracted(请注意加入的位置),如图 15-14 所示。

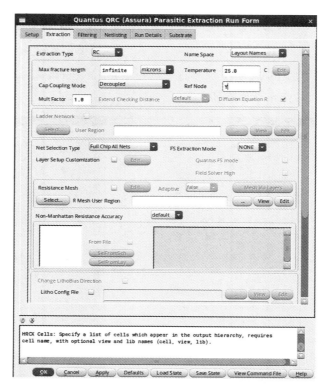

图 15-12　选择 Assura→Run RCX 进行寄生参数的提取

图 15-13　新建一个视图

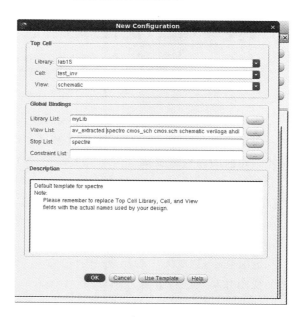

图 15-14　加入"av_extracted"

点击 OK 按钮后，选择 Virtuoso Hierarchy Editor 中 Top Cell 的 open 选项。

（2）在随后打开的 test_inv 原理图中，首先请确定打开的是 config 视图。若不是 config 视图，则关闭除 CIW 外的所有 Cadence 界面，并重新打开 lab7 库中的单元 test_inv 的 config 视图。

（3）仿真验证。完成上述修改后，由 test_inv 原理图进入仿真环境。选择 Launch→ADE L，然后开始在 ADE L 窗口中进行设置。相应的操作方法和步骤请参考"INV 反相器仿真设置"的内容。完成的结果如图 15-15 所示。

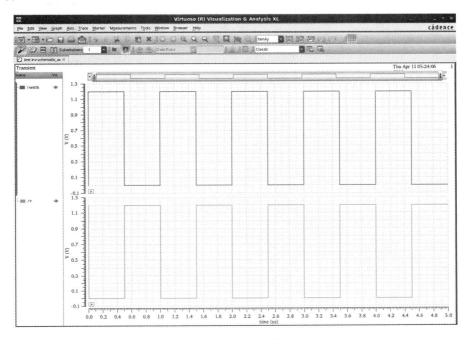

图 15-15　完成的结果

15.3.4　环形振荡器延迟前仿真

打开 lab15 库中的 ring_OSC 的原理图。这个原理图和我们之前在 lab4 中设计的原理图基本相同。下面我们开始进行前仿真。

（1）在 Schematic Editor L Editing 窗口中，选择 Launch→ADE L 以激活仿真环境，如图 15-16 所示。

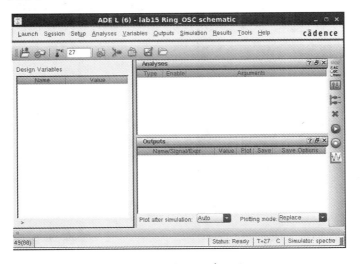

图 15-16　ADE L 窗口 2

（2）在 ADE L 窗口中，选择 Setup→Stimuli，如图 15-17 所示。

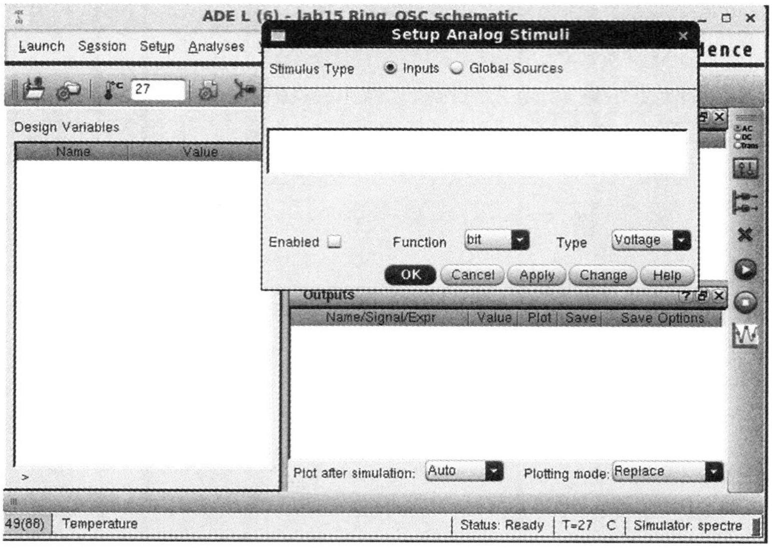

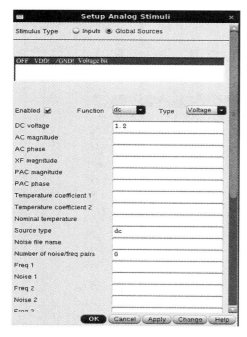

图 15-17　选择 Setup→Stimuli

（3）在 Stimulus Type 中，选择 Inputs 选项，点击 OK 按钮，弹出如图 15-18 所示的窗口，选择 Global Sources 选项。

（4）选择 Enabled 选项，在 DC voltage 中输入 1.2（单位为 V），然后点击 Change 按钮，再点击 OK 按钮，从而建立模型，在 Stop Time 中输入 1.5 n，在 Accuracy Defaults 中选择 moderate 选项，如图 15-19 所示，选择 TP 作为绘制输出端，就可以得到如图 15-20 所示的仿真结果。

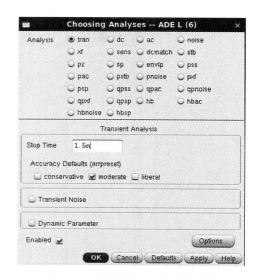

图 15-18　选择 Global Sources 选项

图 15-19　选择瞬态分析持续时间

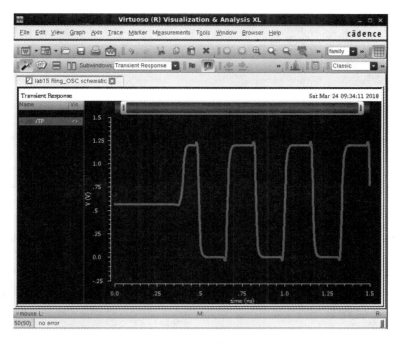

图 15-20　波形图

　　现在,计算振荡器的周期。在以上高亮部分点击 Calculator 按钮。在 Calculator 窗口(见图 15-21)的 Selection Choices 中选择 tran 和 vt,然后在 Function Panel 中搜索 delay,Schematic Editor L Editing 窗口将弹出供选择需要探测的信号点。选择 TP 并回到 Calculator 窗口,完成的情况如图 15-21 所示。

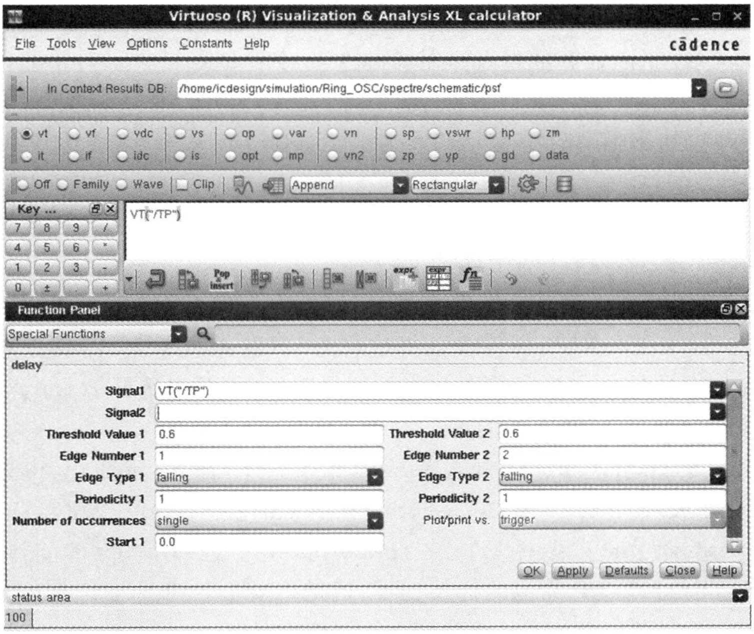

图 15-21　完成的情况 2

Signal1 和 Signal2 处都应读入 VT("/TP")。设置 Threshold Value 1 为 0.6 且 Edge Type 1 为 falling。点击>>>按钮以确定第二个触发点,参数的设置如图 15-22 所示。

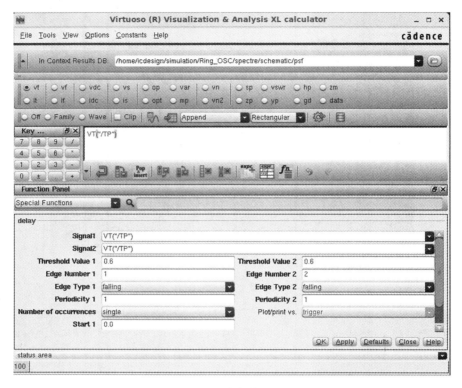

图 15-22　参数的设置 2

点击>>>按钮以计算信号 TP 在第一个上升沿和第二个上升沿之间的延迟,点击 OK 按钮,则出现如图 15-23 所示的窗口。

点击 Eval 按钮来估算以上显示的表达式。如图 15-24 所示,表达式的计算结果约为 355.7 ps。

15.3.5　环形振荡器版图寄生参数提取与后仿真

选择 Assura→Technology,弹出如图 15-25 所示的窗口,点击 OK 按钮。

选择 Assura→Run RCX 进行参数提取(如果以前做过 RCX 需要首先关闭 Assura)。选择 Assura→Close Run,若这个菜单不出现,则需要先选择 Assura→Open Run,操作完成后弹出如图 15-26 所示的窗口。

选择 Setup 标签,在 Outputs 中选择 Extracted View,在 Technology 中选择 gpdk090,相应的路径会变成/home/gpdk090/assura,然后点击 Extraction 按钮。

在 Extraction Type 中选择 RC,在 Name Space 中选择 Schematic Names,在 Ref Node 中输入 TP(可以点开其他的标签查看,但是不要更改内容),点击 OK 按钮。

在 Assura 运行完成后,弹出如图 15-27 所示的窗口。

点击 Close 按钮以关闭窗口。

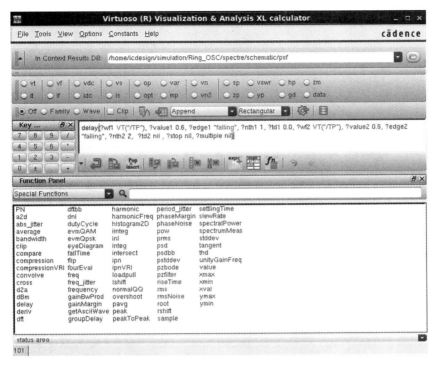

图 15-23 表达式计算 2

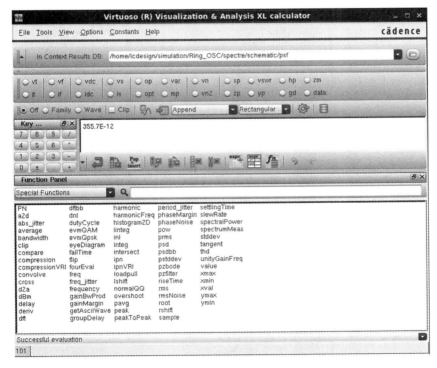

图 15-24 计算结果 2

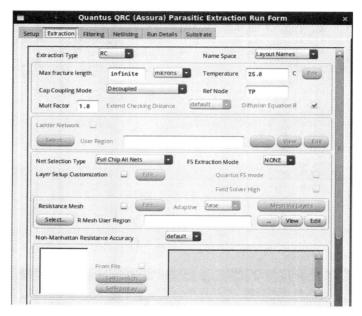

图 15-25 Assura Technology Lib Select 窗口

图 15-26 操作完成

图 15-27 运行完成

15.3.6 设计检查:版图后仿真

在参数提取后的版图中我们验证与原理图相对应的设计,并且把后仿真的延时数据与前仿真的延时数据进行比较,在原理图中,$T=355.7$ ps(振荡器的周期)。

（1）创建 lab15 库中的 ring_osc 的符号（具体的创建方法请参考 lab2 中的内容），完成的符号如图 15-28 所示。

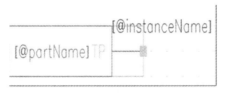

图 15-28   完成的符号

（2）在 lab15 库中创建一个新单元名为 test_Ring 的原理图。同时在这个单元中完成如图 15-29 所示的电路，其中供电电源电压为 1.2 V。

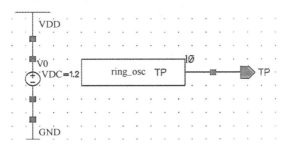

图 15-29   完成电路

（3）在单元 test_Ring 下创建 config 视图。

（4）打开 test_Ring 下的 config 视图。选择 Launch→ADE L 以弹出 ADE L 窗口，按照如图 15-30 所示的窗口进行仿真设置。

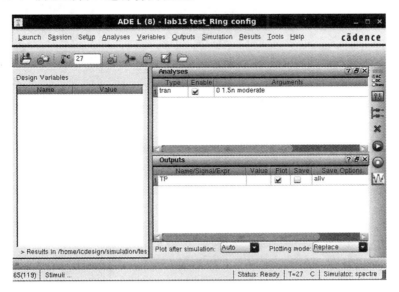

图 15-30   仿真设置

（5）实行电路仿真。测得输出端 TP 的波形如图 15-31 所示，然后利用 Cadence 自带的波形计算器测量 TP 的周期，如图 15-32 所示。计算器的使用方法请参考 lab4 中的相关内容。

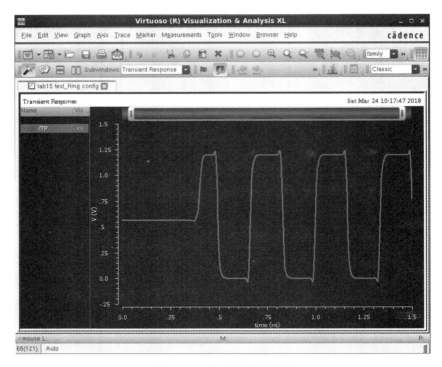

图 15-31 输出端的波形图

我们通过测量第一个上升沿和第二个上升沿之间的时间来计算信号 TP 的周期，如图 15-32 所示，仿真计算的延时约为 395.9 ps。

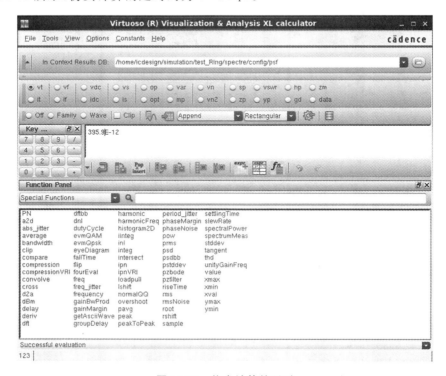

图 15-32 仿真计算的延时

　　后仿真相对于前仿真会有高达 25% 的误差,且不同的版图布局会有不同延时。

　　总体来说 25% 的误差有些偏大。所以,完成这个设计,在进行原理图设计时,首先要考虑电路在一定的波动范围内(如 30%)是可以实现的,这样在后仿真时才能够满足设计要求。

16

版图数据的导入、导出与识别

16.1 实验目的

(1) 掌握 Stream 格式的 GDS 文件转换方法。

(2) 掌握基本数字单元的版图形式。

(3) 掌握从版图中提取电路的基本方法。

16.2 实验原理

16.2.1 Stream 格式

Cadence 有自己的内部数据格式,为了与其他 EDA 软件之间进行数据交换,Cadence 支持内部数据与标准数据进行格式之间的转换。选择 CIW 的 File→Import,可将各种外部数据格式转换成 Cadence 内部数据格式;同时选择 CIW 的 File→Export,可将各种 Cadence 内部数据格式转换成外部标准数据格式。其中,Stream 命令可实现 Stream 格式与 DFII(Design Framework II)之间的转换。

在格式转换中,同一内容所对应的格式区别较大。如 DFII 格式下的圆、椭圆及点等图形,在 Stream 格式中则对应为边界(Boundary)。因此,在格式转换过程中,必须对转换加以限定,具体操作在实验内容中有详解。

16.2.2 版图提取与原理图还原

版图与电路原理图之间是相互对应的关系,可由版图提取电路原理图,相应地也可由电路原理图设计对应的版图。本实验旨在练习基本器件 MOS、BJT 等和基本单元 INVERTER、NAND2、NOR2 等基本数字单元的版图识别能力,并在此基础上,看懂基本数字集成电路与数/模混合集成电路的版图连接及版图层次结构,达到能对版图进行识别的目的。

16.3　实验内容

16.3.1　输出设计

在输出设计中,使用 Stream out 命令。

在这部分的实验内容中,具体内容是将版图的数据转换成 GDS 文件,生成的 GDS 文件可作为加工数据提供给芯片加工厂。

在 Cadence 软件中,打开 lab16 库中的单元(一种带有控制端的 D 触发器)的版图形式。该单元对应的原理图如图 16-1 所示。

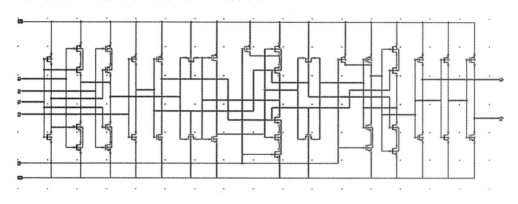

图 16-1　原理图

在了解这个单元的原理图和版图以后,关闭相应的视图(不关闭 CIW)。

(1) 在 CIW 中,选择 File→Export→Stream,设置 Stream Out 窗口各选项如图 16-2 所示,点击 Translate 按钮,以启动 Stream Translator。

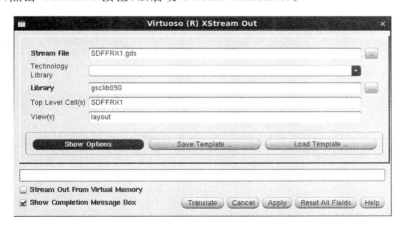

图 16-2　Stream Out 窗口

(2) 在 Strean out translation complete 窗口中,若提示 0 error and 0 warning,表明设置成功;若无此提示,则表明 Stream Out 窗口设置有误,需要重新设置,直至提示成功为止。点击 Yes 按钮。

(3) 完成数据的导出后,Cadence 软件将会在 gpdk090 文件夹中自动产生一个文件名为 SDFFRX1.gds 的文件,这就是我们需要的 GDS 数据,如图 16-3 所示。

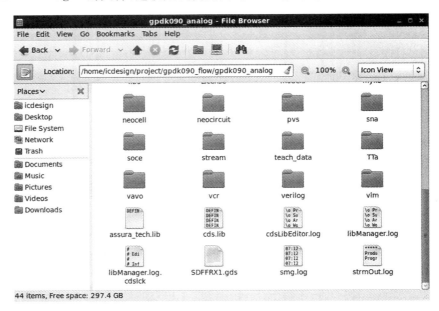

图 16-3　生成的 GDS 数据

16.3.2　输入设计

在输入设计中,采用 Stream in 命令。

在 CIW 中,创建新的库,库名为 lab16_gds。选择工艺为 gpdk090。

(1) 在 CIW 中,选择 File→Import→Stream,设置 Stream In 窗口如图 16-4 所示,点击 Translate 按钮,以启动 Stream Translator。

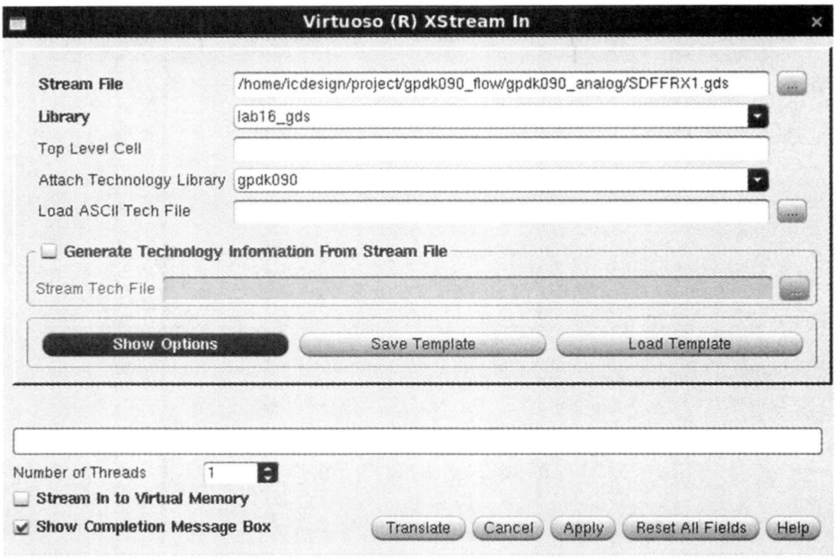

图 16-4　Stream In 窗口

（2）在 Stream in translation complete 窗口中，若提示 0 error and 11 warning（warning 可以忽略），则表明设置成功；若无此提示，则表明 Stream Out 窗口设置有误，需要重新设置，直至提示成功为止。点击 Yes 按钮。

在 Stream File 框中填入的内容为/home/icdesign/project/gpdk090_flow/gpdk090_analog/SDFFRX1. gds,在 ASCII（ASCII 为标准信息交换码）Technology File Name 框中填入/home/gpdk/gpdk090/libs. cdb/gpdk090/techfile. tf。

（3）在 Library Manager 窗口中,选择 View→Refresh,打开 lab16_gds 库中单元 Cell 的版图。导入的版图如图 16-5 所示。

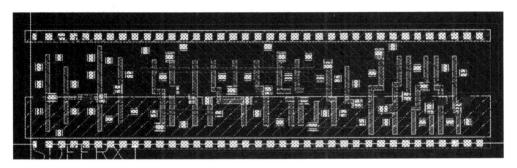

图 16-5 导入的版图

16.3.3 版图识别

这部分实验要求读者仔细分析 lab16_gds 库中单元 Cell 的版图形式并完成其原理图。

版图识别的一些技巧如下。

（1）在 Nwell 中的 MOS 为 P 管,不在 Nwell 中的 MOS 为 N 管。

（2）一般来说,Nwell 中最粗的金属线为电源线,不在 Nwell 中的最粗的金属线为地线。

（3）对于数字单元来说,其单元版图使用的金属线为金属一层,原则上不适用金属二层。所以可首先在屏蔽掉其他金属层的前提下完成数字单元版图识别的内容。

16.4 拓展实验

仿真并说明 lab16_gds 库中单元 Cell 的功能。

17

异或门与 RS 触发器的设计

17.1 实验目的

（1）熟悉版图设计规则。
（2）掌握布局、布线方法。
（3）熟悉数字电路版图设计方法。

17.2 实验原理

本实验设计利用基本逻辑单元搭建 CMOS 异或门和与非门结构的 RS 触发器电路，同时将搭建的电路进行软件仿真验证，并在版图基础上进行版图验证和后仿真操作，旨在完成 IC 设计过程中的核心步骤。

17.2.1 异或门的原理

1. 异或门的概念

异或门主要用于数字电路的控制。二输入异或门电路有 2 个输入端和 1 个输出端。当 2 个输入端中只有 1 个是高电平时，则输出为高电平；当输入端全为低电平或全为高电平时，则输出为低电平。

2. 异或门的算法

XOR（异或）函数：当有奇数个输入变量为 1 时，输出为 1，即 $X=0, Y=0, S=0$；$X=0, Y=1, S=0$。

异或运算及异或门由逻辑非、逻辑与及逻辑或可以实现，即 $Y=A\bar{B}+\bar{A}B=A\oplus B$。式中"$\oplus$"为异或逻辑运算符号，读为异或。实现异或运算的门电路为异或门，异或门的真值表如表 17-1 所示，其逻辑符号如图 17-1 所示。

从异或门的逻辑表达式中，可推导出其电路图如图 17-2 所示。经化简后，得到由逻辑门组成的异或门逻辑图如图 17-3 所示。

表 17-1　真值表

A	B	Y
0	0	0
0	1	1
1	0	1
1	1	0

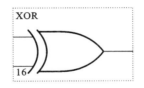

图 17-1　逻辑符号

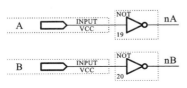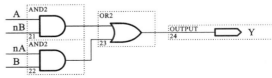

图 17-2　异或门电路图

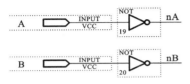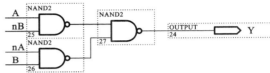

图 17-3　异或门逻辑图

17.2.2　RS触发器的工作原理

与非门结构的基本 RS 触发器的逻辑图与逻辑符号如图 17-4 所示。其工作原理如下。

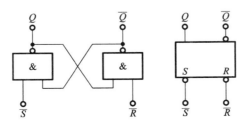

图 17-4　逻辑图与逻辑符号

（1）$\bar{R}=0,\bar{S}=1$：由于 $\bar{R}=0$，不论原来 $\bar{Q}$ 是 1 还是 0，都有 $\bar{Q}=1$；再由 $\bar{S}=1,\bar{Q}=1$ 可得 $Q=0$，即不论触发器原来处于什么状态都将变成 0 状态，这种情况称为将触发器置 0 或复位。$\bar{R}$ 端称为触发器的置 0 端或复位端。

（2）$\bar{R}=1,\bar{S}=0$：由于 $\bar{S}=0$，不论原来 Q 是 1 还是 0，都有 $Q=1$；再由 $\bar{R}=1,Q=1$ 可得 $\bar{Q}=0$，即不论触发器原来处于什么状态都将变成 1 状态，这种情况称为将触发器置 1 或置位。S 端称为触发器的置 1 端或置位端。

（3）$\bar{R}=1,\bar{S}=1$：根据与非门的逻辑功能不难得知，触发器保持原有状态不变，即原来的状态被触发器存储起来，这体现了触发器具有记忆能力。

（4）$\bar{R}=0,\bar{S}=0$：不符合触发器的逻辑关系，并且由于与非门延迟时间不可能完全相等,在同时撤销两输入端的 0 后,将不能确定触发器是处于 1 状态还是 0 状态。所以触发器不允许出现这种情况,这就是基本 RS 触发器的约束条件。

17.2.3 基本 RS 触发器的基本特点

(1)触发器的次态不仅与输入信号状态有关,而且与触发器的现态有关。

(2)电路具有两个稳定状态,在无外来触发信号作用时,电路将保持原状态不变。

(3)在外加触发信号有效时,电路可以触发翻转,实现置 0 或置 1。

(4)在稳定状态下两个输出端的状态必须是互补关系,即有约束条件。在数字电路中,凡根据输入信号 R、S 情况不同,具有置 0、置 1 和保持功能的电路,都称为 RS 触发器。

17.3 实验内容

17.3.1 异或门原理图设计

启动电路原理图设计环境 Schematic Editor L Editing。参考以前的实验中电路原理图的设计方法,编辑完成 CMOS 与非门结构的 RS 触发器电路原理图,如图 17-5 所示。

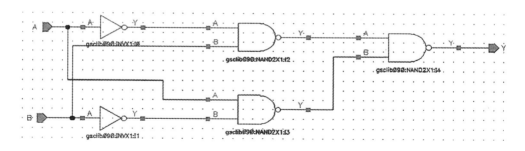

图 17-5 原理图 1

(1)建立库文件。在 CIW 中,选择 File→New→Cellview,以建立 lab17 库中的单元 XOR2。视图为原理图,打开 Schematic Editor L Editing 窗口。

(2)添加器件。在 XOR2 电路原理图中添加器件,器件为 gsclib090 中的 INVX1 和 NAND2X1,其中有 2 个 INVX1 和 3 个 NAND2X1。按照如图 17-5 所示添加所需器件。

(3)连线。按异或门逻辑关系完成连线。

(4)添加引脚 A、B、Y。

(5)检查。检查电路结构与连线如图 17-5 所示,使用 Check and Save 图标来查错、修改并存档。

17.3.2 异或门仿真验证

(1)在完成的异或门基础上加入供电单元和输入信号,如图 17-6 所示,添加的器件属性如表 17-2 所示。

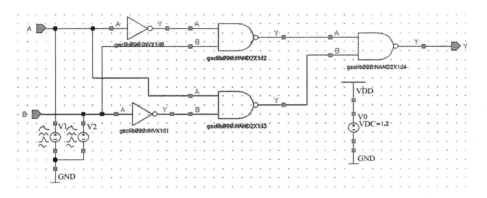

图 17-6　加入供电单元和输入信号 1

表 17-2　器件属性表 1

vsource	DC voltage	Scource type	Zero value	One value	Period	Rise time	Fall time	Pluse time
V0	1.2	dc						
V1	0	pluse	0	1.2	10 μs	1 ns	1 ns	5 μs
V2	0	pluse	0	1.2	20 μs	1 ns	1 ns	10 μs

（2）在原理图窗口中选择 Tools→Analog Environment，以进入 ADE。

（3）按照如图 17-7 所示的形式对 ADE 进行设置。

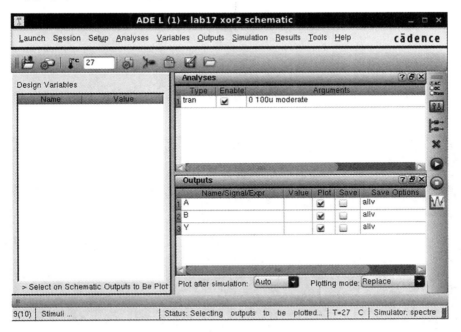

图 17-7　对 ADE 进行设置 1

（4）开始仿真，验证设计的异或门的功能。点击 Split All Strips 按钮，生成仿真波形图，如图 17-8 所示。仿真结果表明设计无误。

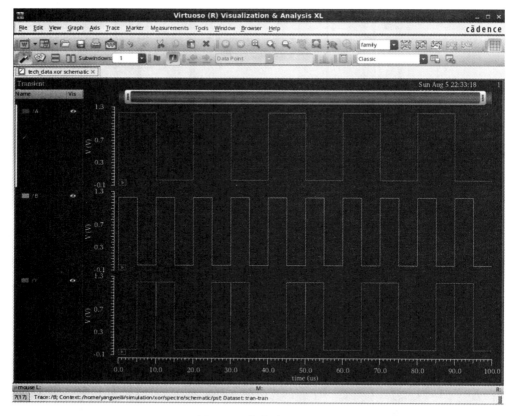

图 17-8　仿真波形图 1

17.3.3　版图设计

参考以前的实验中电路原理图设计方法,编辑完成 CMOS 结构的异或门版图设计,如图 17-9 所示。

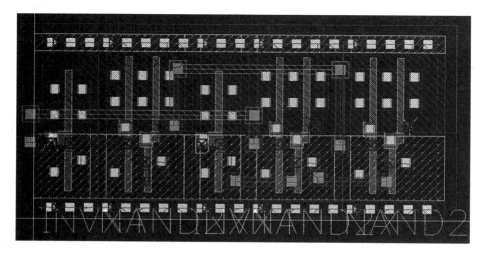

图 17-9　版图设计 1

17.3.4 RS 触发器的设计

1. RS 触发器的原理图设计

启动电路原理图设计环境 Schematic Editor L Editing。参考 lab2、lab3、lab4 中电路原理图设计方法,编辑完成 CMOS 与非门结构的 RS 触发器电路原理图如图 17-10 所示。

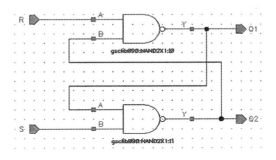

图 17-10 原理图 2

(1)建立库文件。在 CIW 中,建立 mylib 库与 RS 视图,打开 Schematic Editor L Editing 窗口。

(2)添加器件。在 gsclib090 库中添加两个 NAND2X1。

(3)连线。按与非门逻辑关系完成连线,注意两个与非门的输入与输出之间实现互连,以形成 RS 触发器结构。

(4)添加 pin。添加输入 pin 为 R 和 S;输出 pin 为 Q1 与 Q2。

(5)检查。检查电路结构与连线如图 17-10 所示,使用 Check and Save 图标来查错、修改并存档。

2. RS 触发器的仿真验证

(1)在完成的异或门基础上加入供电单元和输入信号,如图 17-11 所示,添加的器件属性如表 17-3 所示。

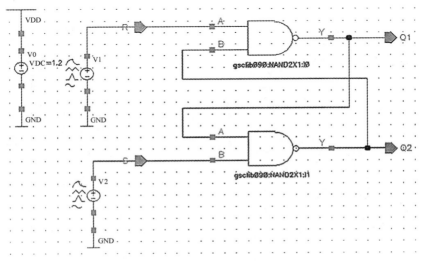

图 17-11 加入供电单元和输入信号 2

表 17-3 器件属性表 2

vsource	DC voltage	Scource type	Zero value	One value	Period	Rise time	Fall time	Pluse time
V1	0	vpulse	0	1.2	20 μs	1 ns	1 ns	10 μs
V2	0	vpulse	0	1.2	40 μs	1 ns	1 ns	20 μs
V0	q1.2	dc						

（2）在原理图窗口中，选择 Launch→ADE L，以进入 ADE。

（3）按照如图 17-12 所示的形式对 ADE 进行设置。

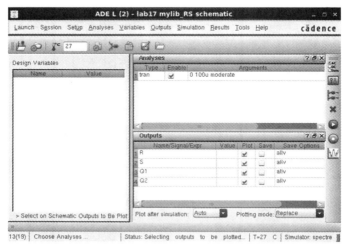

图 17-12 对 ADE 进行设置 2

（4）仿真波形如图 17-13 所示。

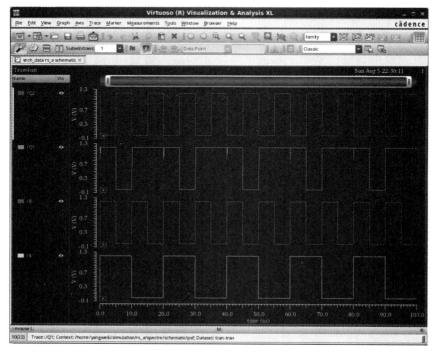

图 17-13 仿真波形图 2

3. 版图设计

参考以前的实验中电路原理图设计方法,编辑完成 CMOS 结构的 RS 触发器版图设计,如图 17-14 所示。

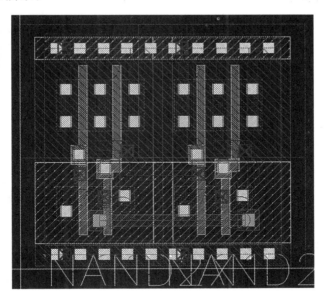

图 17-14 版图设计 2

17.4 拓展实验

(1)对完成的 XOR2 进行数/模混合仿真,其中 gsclib090 中的器件选择 functional、激励源设置为 spectre。

(2)对完成的 XOR2 进行版图寄生参数提取和后仿真,并完成表 17-4。

表 17-4 版图寄生参数提取和后仿真表

$AB_{前一时刻}$ → $AB_{后一时刻}$	Y 变化	AB 变化与 Y 变化之间的延时
00→01	0→1	
10→11	1→0	

18

静态存储器的设计

18.1　实验目的

（1）熟悉原理图设计方法。

（2）熟悉版图设计规则。

（3）掌握布局、布线方法。

（4）熟悉版图验证方法。

18.2　实验原理

半导体存储器是程序逻辑电路中的主要组成部分，其结构主要由地址译码器、存储矩阵和输出控制电路等部分组成。存储矩阵是存放数据的主体，由许多存储单元排列而成。每个存储单元能存放 1 位二进制代码（0 或 1），若干个存储单元形成一个存储组，称为字，每个字包含的存储单元的个数称为字长。在存储器中字是一个整体，构成一个字的全体存储单元共同用于代表某种信息，并共同写入存储器或从存储器读取。为了方便寻找，每个字都有一个对应的地址代码，只有被输入地址代码指定的字或存储单元才能与公共的输入/输出线接通，以进行数据的写入与读取。

6 管单元的 SRAM 存储单元电路如图 18-1 所示。M0、M1、M2、M4 组成基本的 RS 触发器，用于记忆 1 位二进制数码；M3、M5 组成门控制管，作为开关；控制触发器的 $\overline{Q}$、Q 与位线 BL、$\overline{BL}$ 之间有连接。M3、M5 的开关状态由字线 WL 的状态决定：当 WL＝1 时，M3、M5 导通，触发器的 $\overline{Q}$、Q 与位线 BL、$\overline{BL}$ 接通；当 WL＝0 时，M3、M5 截止，触发器与位线之间的连接被断开。

由于 SRAM 存储单元是一个基本的 RS 触发器，利用触发器的置 0 与置 1 功能，可以实现数据的写入，利用保持功能可以实现数据的保存与读取。触发器的性能决定了 SRAM 的随机存储特点，即在使用中数据可以写入与读取。

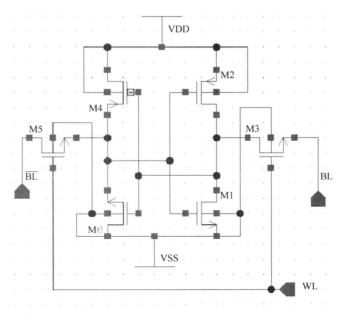

图 18-1   SRAM 存储单元电路

18.3   实验内容

18.3.1   原理图设计

（1）建立库文件。在 CIW 中，建立 mylib 库与 SRAM 视图，打开 SRAM 电路原理图设计窗口。

（2）添加器件。在 analogLib 库中选择 2 个 PMOS4、4 个 NMOS4、1 个 VDD 和 1个 VSS，按照如图 16-1 所示添加所需器件。

注意：为了方便版图验证，在 Schematic 中对所有器件进行参数定义，选取模型并定义器件宽长比等，具体的设置请参考 NAND2 电路图设计。

（3）连线。按非门逻辑关系完成连线，注意两个非门的输入与输出之间实现互连，以形成 RS 触发器结构。

（4）添加 pin。添加输出 pin 为 BL 和 $\overline{\text{BL}}$；添加输入 pin 为 WL。

（5）检查。检查电路结构与连线，如图 18-1 所示，使用 Check and Save 图标来查错、修改并存档。

18.3.2   版图设计

启动版图设计环境 Layout Suite L Editing，完成 SRAM 版图设计。

（1）创建视图。在 CIW 中，建立 design 库的 SRAM 视图，打开 Layout Suite L Editing 窗口。

（2）添加器件。在 gpdk090 库中选择 lab6 所设计的 2 个 PMOS 版图和 4 个 NMOS 版图。

（3）调用 INV 版图。SRAM 存储单元的触发器部分由两个非门构成,版图设计首先是如何由 NMOS 与 PMOS 形成 INV 版图。在以前的实验中对反相器版图有详细介绍,读者可选择全订制或调用单元两种方法来完成 INV 版图的设计。

（4）布局。参考电路结构的特点,直接调用设计好的两个 INV 单元版图,按照版图设计规则,考虑所有布线所需的几何尺寸及所在的版图层次,合理安置 INV 版图并完成布线。

（5）检查版图。按照电路图 18-1 进行连线检查,连线无误后存档。

18.3.3　版图验证

（1）DRC。执行 DRC 以检查版图的几何规则,查看错误并对其进行修改。

（2）Extraction。提取器件与互连信息,与电路图 18-1 中的每个器件进行对比。

（3）LVS。将 Extracted 视图与 Schematic 视图进行 LVS 对比,针对与电路不能匹配的版图部分进行查错并修改。

18.4　拓展实验

（1）对完成的静态存储器进行瞬态仿真验证。

（2）设计的 RS 触发器单元代替 SRAM 中具有触发器功能的四个管子,完成本实验的所有设计。

19

D 触发器的设计

19.1 实验目的

(1) 掌握 D 触发器的功能与 MOS 构建 D 触发器的方法。

(2) 掌握基本数字单元库中单个单元的 layout 布局、布线方法。

(3) 掌握全订制 IC 的前端设计方法。

(4) 掌握版图验证方法。

19.2 实验原理

维持阻塞 D 触发器原理图如图 19-1 所示,已知 PMOS 在输入为低电平时导通,NMOS 在输入为高电平时导通,为叙述方便,在这里我们称 DATA 端口为 D 端口。

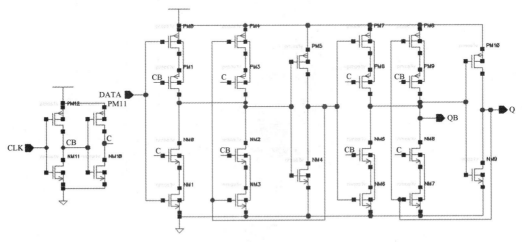

图 19-1 原理图

当 CLK 为低电平时,CB 为高电平,C 为低电平,如图 19-2 所示的复合门左半部分导通,复合门输出等于 $\overline{D}$,再经过一个反相器,则 $Q=Q^n=D$;而当 CLK 为高电平时,CB 为低电平,C 为高电平,复合门右半部分导通,复合门输出等于 $\overline{Q^n}$,经过一个反相器,此时输出 $Q=Q^{n+1}=Q^n$,即如图 19-3 所示的一个锁存器。经分析可知,如图 19-3 所示的

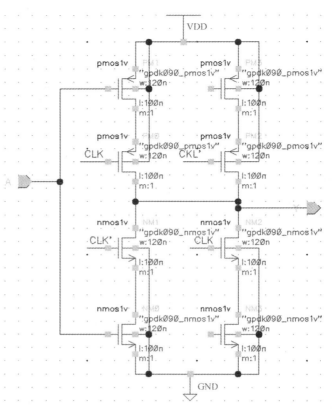

图 19-2　复合门左半部分导通

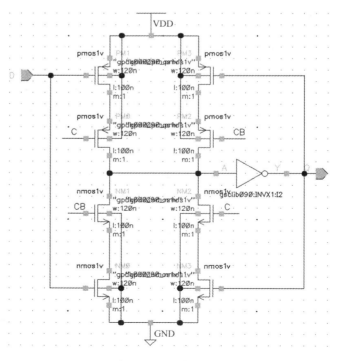

图 19-3　锁存器

是低电平触发的锁存器,锁存器的次态取决于 CLK 低电平时前 D 端口的信号。

　　相反,由于图 19-4 的 CB 与 C 端口是反接的,因此同理可得,图 19-4 是高电平触发的锁存器,锁存器的次态取决于 CLK 高电平时前 D 端口的信号。

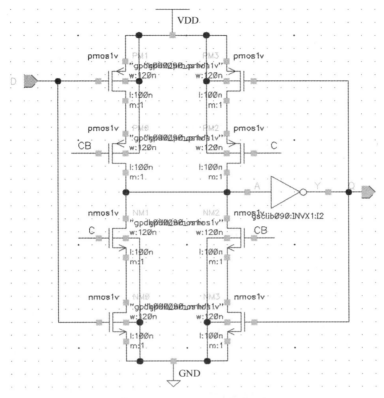

图 19-4　CB 与 C 端口反接

　　综上所述,我们可以得出边沿 D 触发器在 CLK 上升沿发生状态变化,触发器的次态取决于 CLK 上升沿前 D 端口的信号,而在上升沿后,输入 D 端口的信号变化对触发器的输出状态没有影响。若在 CLK 上升沿到来前 $D=0$,则在 CLK 上升沿到来后,触发器置 0;若在 CLK 上升沿到来前 $D=1$,则在 CLK 上升沿到来后,触发器置 1。维持阻塞 D 触发器的逻辑功能表如表 19-1 所示,即状态方程为 $Q^{n+1}=D \cdot \mathrm{CLK}_\uparrow$。

表 19-1　维持阻塞 D 触发器的逻辑功能表

D	Q^{n+1}	说明
0	0	复位
1	1	置位

19.3　实验内容

19.3.1　原理图设计

1. 创建库与视图

　　在 CIW 中,选择 File→New→Library,创建一个文件名为 lab19 的库,如图 19-5 所

示。设置完成后,点击窗口左上角的 OK 按钮。

图 19-5 创建库

在 CIW 中,选择 File→New→Cellview,打开 Create New File 窗口,设置 Library 为 lab19,Cell 为 DFF,View 为 schematic,Type 为 schematic,如图 19-6 所示,点击 OK 按钮,弹出 Schematic Editor L Editing 的空白窗口。

图 19-6 设置参数

(1)添加器件。在 Schematic Editor L Editing 窗口中,选择 Create→Instance 或按快捷键 i,以添加器件。

注意:为了方便版图验证,在 Schematic Editor L Editing 窗口中对所有器件进行参数定义,选取模型并定义器件宽长比等。各器件的属性参考如表 19-2 所示。在 analogLib 库中选择 12 个 pmos4、12 个 nmos4、2 个 VDD 和 2 个 GND,按照表 19-2 的属性添加所需器件。

表 19-2　属性参考表

Library	Cell	Properties/Comments
analogLib	PMOS	For M1～M12： Model Name＝trpmos，Length＝100nm，Width＝360nm
analogLib	NMOS	For M13～M24： Model Name＝trnmos，Length＝100nm，Width＝240nm
analogLib	VDD，GND	

（2）连线。按照如图 19-1 所示完成连线。

（3）添加 pin。添加输入 pin 为 CLK 和 DATA；添加输出 pin 为 QB 与 Q。

（4）检查。如图 19-1 所示，检查电路与连线，使用 Check and Save 图标来查错、修改并存档。

2. 创建符号

可以为该 D 触发器生成一个 Symbol。生成 Symbol 的方法是：在 Schematic Editor L Editing 窗口中，选择 Create→Cellview→From Cellview，打开 Cellview From Cellview 窗口（见图 19-7），点击 OK 按钮，生成的符号经过整理后如图 19-8 所示。

图 19-7　Cellview From Cellview 窗口

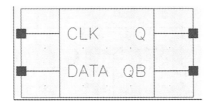

图 19-8　生成的符号

19.3.2　搭建仿真平台

1. 设计仿真电路图

电路需要仿真验证，我们需要添加激励源和设置仿真参数。为此需要建立一个仿真平台，如图 19-9 所示。也可以新建一个单元 Cellview，在新打开的空白视图窗口中

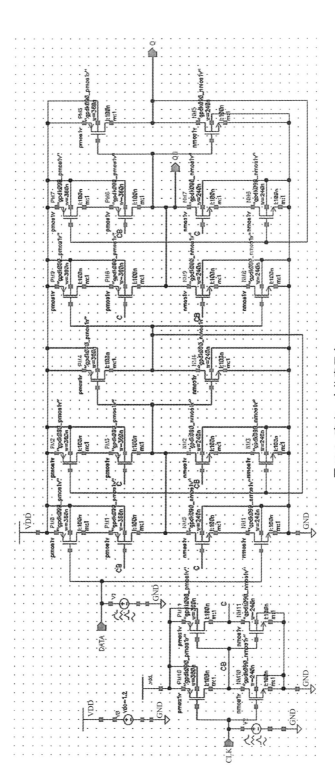

图 19-9　建立一个仿真平台

按 i 键,选择 mylib 库中已经建好的单元符号 DFF。将单元 DFF 放置好后,按照如图 19-10 所示接入电源及激励源以进行瞬态分析。

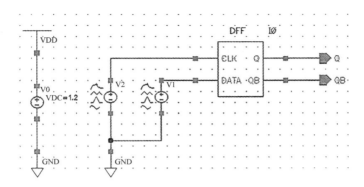

图 19-10 接入电源及激励源

(1) 添加电源。直流电压源设置:在 Schematic Editor L Editing 窗口中,选择 Create→Instance,打开 Instance 以添加窗口,或按快捷键 i。在 Library Column 栏中选择 analogLib,设置 Cellview 为 symbol,具体选择如表 19-3 所示。

表 19-3 直流电压源各器件属性

Library Name	Cell Name	Properties/Comments
analogLib	VDC	For V0:DC voltage=1.2 V
analogLib	VDD,GND	

(2) 添加激励源。同理,按照此方法添加激励源,但要注意在 Source type 选项中选择 pulse,其他设置可参考如图 19-11 所示。

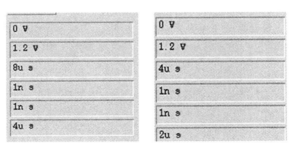

图 19-11 其他设置

(3) 连线。按照如图 19-9 或如图 19-10 所示的连线并检查,使用 Check and Save 图标来查错、修改并存档。

2. Simulation 运行环境设置

1) 启动 ADE

(1) 在 CIW 中,使用 Library Manager,打开 DFF 的 Schematic Editor L Editing 窗口,选择 Launchl→ADE L,弹出 ADE L 窗口。

(2) 在 ADE L 窗口中,选择 Setup→Simulation→Director→Host,打开 Choosing Simulator 窗口,设置 Simulator 为 spectre,点击 OK 按钮。

2）设置仿真模型

（1）在 ADE L 窗口中，选择 Setup→Model Libraries，弹出 Model Library Setup 窗口，如图 19-12 所示。

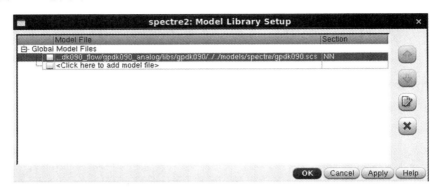

图 19-12　Model Library Setup 窗口

（2）在 Model Library Setup 窗口中，确认 Model File 到/home/adencesoft/gpdk090/models/spectre/gpdk，且在 Section(opt.)中输入 NN，然后点击 Apply 按钮。

（3）在 Model Library Setup 窗口中，仔细检查下方显示路径为 home/yangweili/gpdk090_flow/gpdk090_analog/libs/gpdk090/.../.../models/spectre/gpdk090.scs。

（4）在窗口的 Analyses 下拉菜单中选择 Choose；在 Choosing Analyses 窗口中，在 Analysis 中选择 tran，Stop Time 填写 30u，并在 Accuracy Defaults 中选择 moderate，如图 19-13 所示。

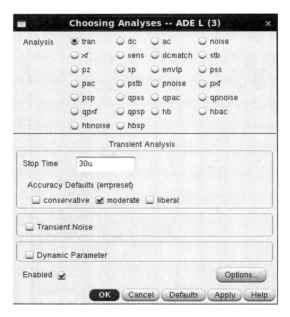

图 19-13　窗口的设置

（5）设置好后在窗口的 Outputs 下拉菜单中选择 To Be Plotted→Select On Schematic，然后在电路图中依次选择 D 与 CLK 的输入线和 Q 与 QB 的输出线，之后按 Esc 键，设置结果如图 19-14 所示。返回 ADE L 窗口，点击 开始仿真，得出仿真图如图

19-15 所示。对比 D 触发器的状态方程与逻辑功能表,分析其仿真波形。

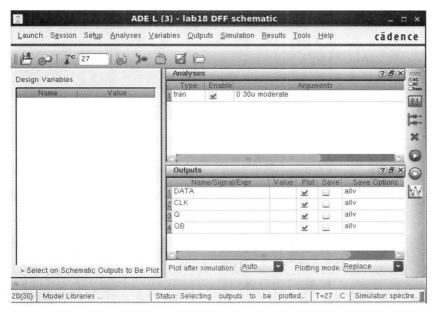

图 19-14　设置结果

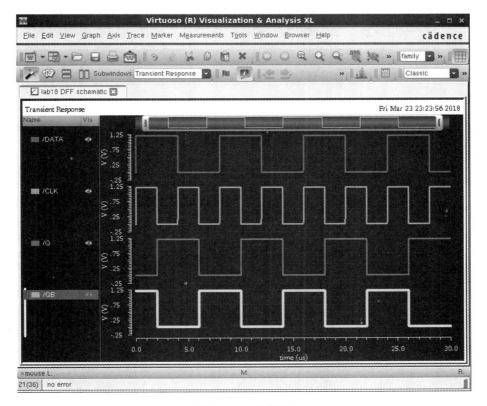

图 19-15　仿真图

19.3.3 版图设计

1. 创建 D 触发器的版图视图

在 CIW 中,选择 File→New→Cellview,参数设置如下:

Library Name   lab19

Cell Name   DFF

View Name   layout

点击 OK 按钮,打开 lab19 的版图设计窗口。

2. 版图布局布线

(1) 添加器件。选择并添加 12 个 PMOS 和 12 个 NMOS 的单元版图。

(2) 布局、布线。按照设计规则,读者根据原理图对版图布局、布线。本次实验是设计性实验,在此提供两种版图作为参考,如图 19-16 和图 19-17 所示。

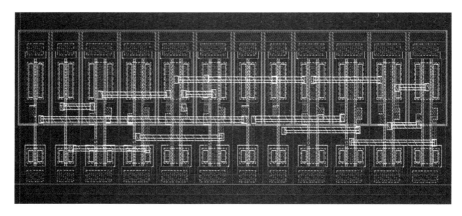

图 19-16　版图设计 1

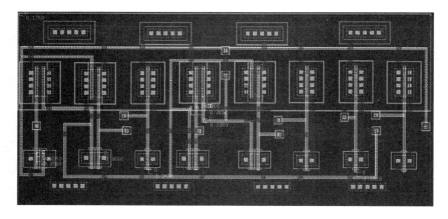

图 19-17　版图设计 2

(3) 两种版图的优缺点。显然,第二种版图布局较好(见图 19-17),它设计的自由度较高且较美观,并且总体版图的面积相对于第一种版图布局(见图 19-16)来说,设计得较小,降低了成本,但是难度比较大,读者可自行选择学习。

19.3.4　版图验证

1. 运行 DRC

（1）在 DFF 版图设计窗口中，选择 Assura→ DRC，在弹出的 DRC 窗口设置如下：

Technology　gpdk090
Rule　default

在 DRC 窗口中点击 OK 按钮，运行 DRC，如图 19-18 所示。

图 19-18　运行 DRC

（2）在 CIW 中，可以看到错误报告。

在 DFF 版图设计窗口中，DRC 运行完毕，点击 OK 按钮，在 CIW 中，若显示错误提示如图 19-19 所示，则说明无版图设计规则错误。

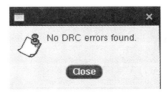

图 19-19　正确

2. 运行 LVS

（1）在 Extracted 窗口中，选择 Assura→LVS，在 LVS 窗口中，设置如下：

Technology　gpdk090
Rule Set　　default

如图 19-20 所示。

图 19-20 运行 LVS

（2）若在 LVS 窗口中点击 OK 按钮，则在 CIW 中显示 Starting the Assura LVS Run。弹出的窗口提示 LVS 运行成功，如图 19-21 所示，点击 Yes 按钮对其进行关闭。

图 19-21 运行成功

（3）若有错误，则在 LVS 窗口中点击错误信息，打开 Open Tool 窗口，显示版图与电路原理图所有不能匹配的结点信息。

（4）如图 19-22 所示，显示 Schematic and Layout Match，这表明所设计的版图与原理图匹配，即设计成功。

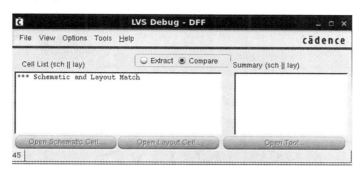

图 19-22　版图与原理图匹配

20

对生成的 GDS 文件
进行 DRC 及 LVS

20.1 实验目的

(1) 了解将 INNOUS 生成的 NETLIST 文件转换为原理图的流程。
(2) 了解将 INNOUS 生成的 GDS 文件导入到 Virtuoso 中的流程。
(3) 了解将生成的原理图与生成的版图进行 DRC 及 LVS。

20.2 实验原理

　　Layout Suite L Editing 是一种基于 UNIX 系统的 EDA 工具,用于集成电路版图设计。该工具下的 dracula 可以进行 DRC 和 LVS,DRC 即查看 GDS 文件是否符合工艺设计规则,只有通过 DRC,版图才能在现有工艺条件下实现;LVS 即查看版图是否和电路图一致,只有通过 LVS,版图才能在电学特性和电路所要实现的功能上和原电路保持完全一致。本实验就是在版图设计完成后,将版图导出为 GDS 文件,对其进行 DRC 和 LVS 版图验证。

20.3 实验内容

20.3.1 将 INNOUS 生成的 NETLIST 文件在 Virtuoso 中转换为原理图

　　(1) 通过终端进入 gpdk090_new 的根目录,然后输入 virtuoso & 以进入 Virtuoso 窗口。

　　(2) 选择 File→New→Library 以新建一个库文件,库名可以取为 counter_she,在 Technology File 文件栏中选择 Attach to an Existing Technology Library,然后点击 OK 按钮,在弹出的库中选择 gpdk090,然后点击 OK 按钮。这样就创建好了一个库,用同样的方法创建另一个库,库名取为 counter_lay,这个库主要用于存放生成的 GDS

文件。

（3）创建好库之后，选择 File→Import，然后在右侧菜单中选择 Verilog，如图 20-1
所示。

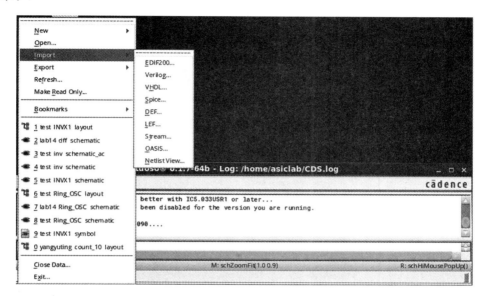

图 20-1　选择 Verilog

（4）在弹出 Verilog In 窗口中，在 Target Library Name 中点击后面的 Browser 按
钮。选择刚刚建立的 counter_she，关闭窗口，将 counter_she 自动填充到 Target
Library 中。在上面文件选择区中，选择 encounter_lab→counter_top. v 文件。随后在
Verilog File To Import 后面点击 Add 按钮，将生成的网表文件自动添加到此处，并在
Structural Modules 的红色下拉按钮中选择 schematic and functional，同时在 Verilog
Cell Modules 中选择 Import，点击 OK 按钮。如图 20-2 所示，这样就将网表转换为原
理图，同时其已经保存在所建立的库中。

（5）打开 Virtuoso 的库管理，这样可以看到网表生成的原理图，如图 20-3 所示。

20.3.2　将生成的 GDS 文件转换为版图

（1）前面已经在 Vrituoso 中建立了存放版图的库，也就是 counter_lay，然后同样
在 gpdk090 根目录下打开 Virtuoso。

（2）同样选择 File→Import，然后在右边的菜单中选择 Stream，在弹出的 Xstream
In 窗口中，点击 Stream File 后面的选择按钮，选择 encounter_lab 文件夹里的 counter.
gds 文件，在 Library 中选择刚刚建立好的 counter_lay，其他保持默认值，点击 Trans-
late 按钮。这样 GDS 文件就导入了 Virtuoso 中并且生成相应的版图，如图 20-4
所示。

（3）进入 Virtuoso 的库管理可以看见生成的版图，如图 20-5 所示。

20.3.3　对生成的版图进行 DRC

对根据 GDS 文件导入的版图进行 DRC 的主要步骤如下。

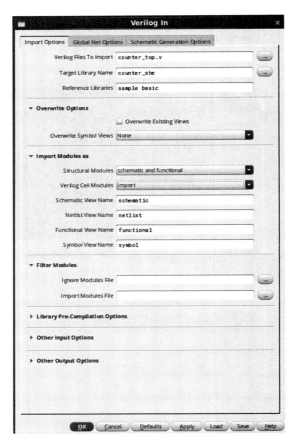

图 20-2　Verilog In 窗口

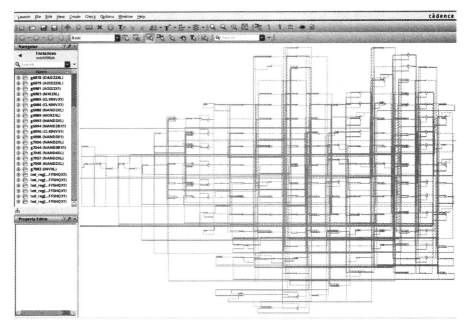

图 20-3　原理图

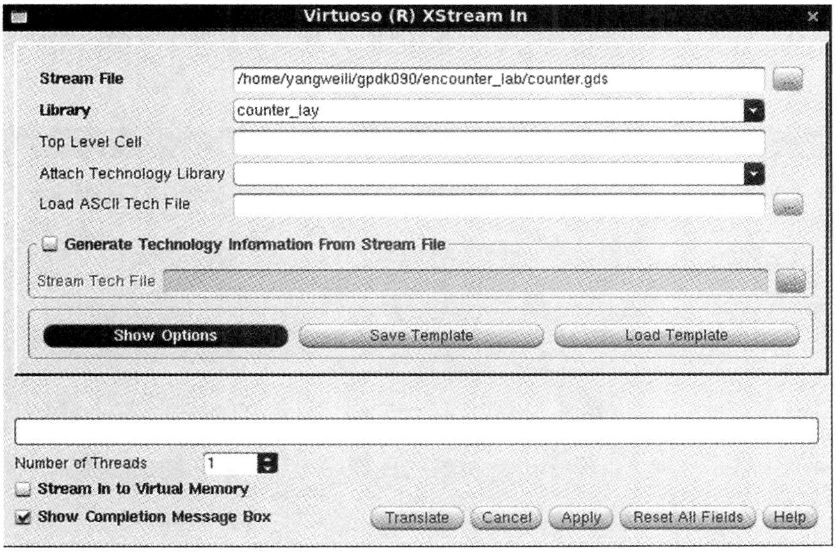

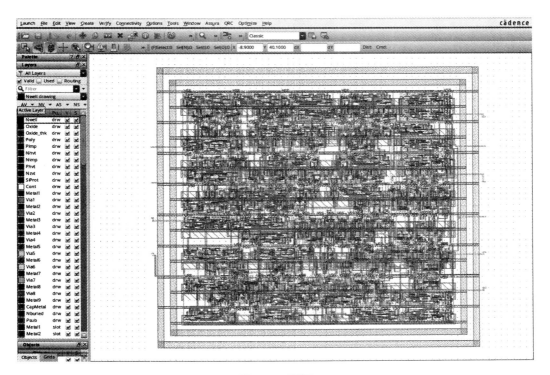

图 20-4　Xstream In 窗口

图 20-5　版图

（1）在 Virtuoso 中打开库管理，将库 gsclib090 复制粘贴到 counter_she 库中，具体方法为，鼠标放在 gsclib090 上后点击鼠标中键（鼠标滚轮），选择 Copy，在 To Library 中选择 counter_she，然后点击 OK 按钮。

（2）点击 counter_lay 库，然后在下方找到 counter_top，再点击 Layout 按钮，使其打开 Layout。

（3）打开 Layout 后，点击上面 Assura，在下拉菜单中选择 Run DRC，如图 20-6 所示，不需要修改任何选项，直接点击 OK 按钮即可，软件开始进行 DRC，等 DRC 完毕，就能看到 DRC 的结果，如图 20-7 所示。

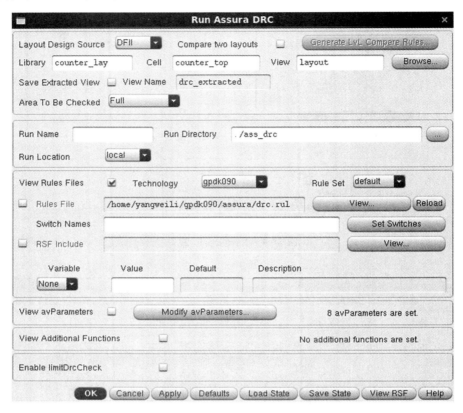

图 20-6　运行 DRC

图 20-7　DRC 的结果图

20.3.4　对生成的版图进行 LVS

对生成的版图进行 LVS 时的一般步骤如下。

（1）给导入的版图添加 pin。

（2）选择 Assura→Run LVS，如图 20-8 所示。

（3）参照图 20-8，看是否与弹出窗口内容填写一致，一致的话则点击 OK 按钮，运行 LVS。

（4）之后便会出现 LVS 的报告，观察是否匹配。

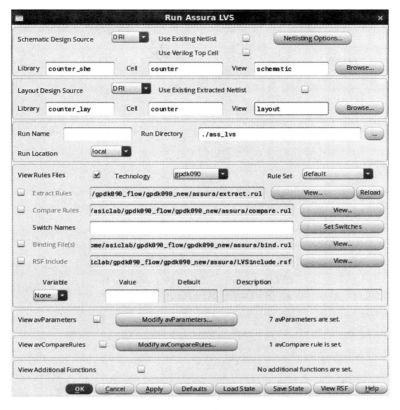

图 20-8　运 行 LVS

附　　录

附录 A　counter_tb 的 Verilog 代码

```
module counter_tb;
reg clk;
reg reset;
wire[0:5] sec,min;
wire[0:4] hour;
wire[0:8] day;
initial   begin   clk=1'b0;     reset=1'b0;   end
always    begin   #1 clk=~clk;   end
initial   begin   #2.5 reset=1'b1;   end
counter c1(clk,reset,sec,min,hour,day);
endmodule
```

附录 B　时钟计数器 counter 的 Verilog 代码

```
module counter(clk,reset,sec,min,hour,day);
parameter seconds_perMinute=60;   parameter minutes_perHour=60;
parameter hours_perDay=24;         parameter days_perYear=365;
input clk,reset;   output sec,min,hour,day;   reg [0:5] sec,min;
reg [0:4] hour;   reg [0:8] day;
always @ (posedge clk or reset)
begin
    if(~reset) begin   sec<=0;   min<=0;   hour<=0;   day<=0;   end
    else begin
            if(sec<seconds_perMinute-1) begin     sec<=sec+1;   end
            else
                if(min<minutes_perHour-1)   begin   min<=min+1;   sec<=0;
                  end
                else begin
                        if(hour<hours_perDay-1)   begin   hour<=hour+1;
                        sec<=0;   min<=0;   end
                        else begin
                                if (day<days_perYear-1) begin
                                    day<=day+1; hour<=0; min<=0; sec<=0;
                                     end
                                else begin   sec<=0;   min<=0;hour<=0;
                                    day<=0; end
```

```
                    end
                end
            end
        end
    end
    endmodule
```

附录 C　时钟计数器 counter 的 RC 综合脚本

本脚本的文件名为 rc. cmd。

```
set basename counter_top        ;  #name of top level module
set myClk clk                   ;  #Clock name
set myPeriod_ps 8000000         ;  #Clock period in ps
set myInDelay_ps 2000           ;  #Delay from clock to inputs valid
set myOutDelay_ps 2000          ;  #Delay from clock to outputs valid
set runname RTL                 ;  #Name appended to output files
##############################################################################
set DATE [clock format [clock seconds]-format "%b%d-%T"]
set _OUTPUTS_PATH outputs_${DATE}
set _REPORTS_PATH reports_${DATE}
set _LOG_PATH logs_${DATE}
if {! [file exists ${_REPORTS_PATH}]} { file mkdir ${_REPORTS_PATH} }
if {! [file exists ${_LOG_PATH}]} { file mkdir ${_LOG_PATH} }
if {! [file exists ${_OUTPUTS_PATH}]} { file mkdir ${_OUTPUTS_PATH} }
##############################################################################
exec hostname
timestat START
##############################################################################
set_attribute lib_search_path./lib/
set_attribute library {typical.lib}
##############################################################################
set SYN_EFF medium
set MAP_EFF low
set SYN_EFFORT                  medium
set MAP_EFFORT                  medium
set INCR_EFFORT                 $ MAP_EFFORT
##############################################################################
set_attribute information_level 7/
##############################################################################
set_attribute information_level 9/;#valid range: 1 (least verbose) through 9(most
verbose)
set_attribute gen_module_prefix  G2C_DP_ /
##############################################################################
read_hdl ./RTL/counter.v
##############################################################################
elaborate
```

```
puts "Runtime & Memory after 'read_hdl'"
timestat Elaboration
##############################################################################
set clock [define_clock -period ${myPeriod_ps} -name ${myClk} [clock_
ports]]
##############################################################################
external_delay -input ${myInDelay_ps} -clock ${myClk} [find / -port ports_
in/* ]
external_delay -output ${myOutDelay_ps} -clock ${myClk} [find /-port ports_
out/* ]
##############################################################################
set_attribute external_pin_cap 5 [find / -port ports_out/* ]
##############################################################################
synthesize -to_mapped
##############################################################################
report timing>rep/${basename}_${runname}_timing.rep
report gates>rep/${basename}_${runname}_cell.rep
report power>rep/${basename}_${runname}_power.rep
##############################################################################
write_hdl-mapped>solution/${basename}_${runname}.v
write_set_load>solution/${basename}_${runname}.loads
write_sdc>solution/${basename}_${runname}.sdc
write_script>solution/${basename}_${runname}.tcl
##############################################################################
puts "Final Runtime & Memory."
timestat FINAL
puts "============================="
puts "Synthesis Finished ........."
puts "============================="
```

附录 D 时钟计数器 counter 的 EDI 布线设置脚本

本脚本的文件名为 setup. globals。

```
global rda_Input
set cwd.
set rda_Input(import_mode) {-treatUndefinedCellAsBbox 0 -keepEmptyModule
1 -useLefDef56 1 }
set rda_Input(ui_netlist) "./solution/counter_top_RTL.v"
set rda_Input(ui_netlisttype) {Verilog}
set rda_Input(ui_rtllist) ""
set rda_Input(ui_ilmdir) ""
set rda_Input(ui_ilmlist) ""
set rda_Input(ui_ilmspef) ""
set rda_Input(ui_settop) {0}
set rda_Input(ui_topcell) {counter_top}
```

```
set rda_Input(ui_celllib) ""
set rda_Input(ui_iolib) ""
set rda_Input(ui_areaiolib) ""
set rda_Input(ui_blklib) ""
set rda_Input(ui_kboxlib) ""
set rda_Input(ui_gds_file) "./lib/gsclib090.gds"
set rda_Input(ui_oa_oa2lefversion) {}
set rda_Input(ui_view_definition_file) ""
set rda_Input(ui_timelib,max) "./lib/slow.lib"
set rda_Input(ui_timelib,min) "./lib/fast.lib"
set rda_Input(ui_timelib) "./lib/typical.lib"
set rda_Input(ui_smodDef) ""
set rda_Input(ui_smodData) ""
set rda_Input(ui_dpath) ""
set rda_Input(ui_tech_file) ""
set rda_Input(ui_io_file) "counter_top.io"
set rda_Input(ui_timingcon_file,full) ""
set rda_Input(ui_timingcon_file) "./solution/counter_top_RTL.sdc"
set rda_Input(ui_latency_file) ""
set rda_Input(ui_scheduling_file) ""
set rda_Input(ui_leffile) "./lib/gsclib090_translated.lef"
set rda_Input (ui_buf_footprint) {BUFX2 BUFX3 BUFX4 BUFX6 BUFX8 BUFX12
BUFX16 BUFX20}
set rda_Input (ui_delay_footprint) {DLY1X1 DLY1X4 DLY2X1 DLY2X4 DLY3X1
DLY3X4 DLY4X1 DLY4X4}
set rda_Input (ui_inv_footprint) {INVXL INVX1 INVX2 INVX3 INVX4 INVX6 INVX8
INVX12 INVX16 INVX20}
set rda_Input(ui_cts_cell_footprint) {}
set rda_Input(ui_cts_cell_list) {}
set rda_Input(ui_core_cntl) {1}
set rda_Input(ui_aspect_ratio) {1.0}
set rda_Input(ui_core_util) {0.75}
set rda_Input(ui_core_height) {}
set rda_Input(ui_core_width) {}
set rda_Input(ui_core_to_left) {}
set rda_Input(ui_core_to_right) {}
set rda_Input(ui_core_to_top) {}
set rda_Input(ui_core_to_bottom) {}
set rda_Input(ui_max_io_height) {0}
set rda_Input(ui_row_height) {}
set rda_Input(ui_isHorTrackHalfPitch) {0}
set rda_Input(ui_isVerTrackHalfPitch) {1}
set rda_Input(ui_ioOri) {R0}
set rda_Input(ui_isOrigCenter) {0}
set rda_Input(ui_isVerticalRow) {0}
set rda_Input(ui_exc_net) ""
```

```
set rda_Input(ui_delay_limit) {1000}
set rda_Input(ui_net_delay) {1000.0ps}
set rda_Input(ui_net_load) {0.5pf}
set rda_Input(ui_in_tran_delay) {0.1ps}
set rda_Input(ui_captbl_file) ""
set rda_Input(ui_defcap_scale) {1.0}
set rda_Input(ui_detcap_scale) {1.0}
set rda_Input(ui_xcap_scale) {1.0}
set rda_Input(ui_res_scale) {1.0}
set rda_Input(ui_shr_scale) {1.0}
set rda_Input(ui_rel_c_thresh) {0.03}
set rda_Input(ui_tot_c_thresh) {5.0}
set rda_Input(ui_time_unit) {none}
set rda_Input(ui_cap_unit) {}
set rda_Input(ui_oa_reflib) ""
set rda_Input(ui_oa_abstractname) {}
set rda_Input(ui_oa_layoutname) {}
set rda_Input(ui_sigstormlib) ""
set rda_Input(ui_cdb_file,min)""
set rda_Input(ui_cdb_file,max) ""
set rda_Input(ui_cdb_file) ""
set rda_Input(ui_echo_file,min) ""
set rda_Input(ui_echo_file,max) ""
set rda_Input(ui_echo_file) ""
set rda_Input(ui_xtwf_file) ""
set rda_Input(ui_qxtech_file) ""
set rda_Input(ui_qxlib_file) ""
set rda_Input(ui_qxconf_file) ""
set rda_Input(ui_pwrnet) {VDD}
set rda_Input(ui_gndnet) {GND}
set rda_Input(flip_first) {1}
set rda_Input(double_back) {1}
set rda_Input(assign_buffer) {1}
set rda_Input(ui_pg_connections) [list \{PIN:VDD:} \{PIN:VSS:} \]
set rda_Input(PIN:VDD:) {VDD}
set rda_Input(PIN:VSS:) {VSS}
set rda_Input(ui_gen_footprint) {}
```

附录 E 时钟计数器 counter 的 IO 引脚位置设置脚本

本脚本的文件名为 counter_top.io。

```
(globals
    version =3
    io_order =default
)
```

```
(iopin
    (top
    (pin name="day[0]"  offset=2.0000 layer=2 width=0.1500 depth=0.5350 place_
    status=placed)
    (pin name="day[1]"  offset=4.0000 layer=2 width=0.1500 depth=0.5350 place_
    status=placed)
    (pin name="day[2]"  offset=6.0000 layer=2 width=0.1500 depth=0.5350 place_
    status=placed)
    (pin name="day[3]"  offset=8.0000 layer=2 width=0.1500 depth=0.5350 place_
    status=placed)
    (pin name="day[4]"  offset=10.0000 layer=2 width=0.1500 depth=0.5350 place_
    status=placed)
    (pin name="day[5]"  offset=12.0000 layer=2 width=0.1500 depth=0.5350 place_
    status=placed)
    (pin name="day[6]"  offset=14.0000 layer=2 width=0.1500 depth=0.5350 place_
    status=placed)
    (pin name="day[7]"  offset=16.0000 layer=2 width=0.1500 depth=0.5350 place_
    status=placed)
    (pin name="day[8]"  offset=18.0000 layer=2 width=0.1500 depth=0.5350 place_
    status=placed)
    )
    (left
    (pin name="reset"  offset=10.0000 layer=2 width=0.1500 depth=0.5350 place_
    status=placed)
    (pin name="clk"  offset=20.0000 layer=2 width=0.1500 depth=0.5350 place_
    status=placed)
    )
    (bottom
    (pin name="sec[0]"  offset=2.0000 layer=2 width=0.1500 depth=0.5350 place_
    status=placed)
    (pin name="sec[1]"  offset=4.0000 layer=2 width=0.1500 depth=0.5350 place_
    status=placed)
    (pin name="sec[2]"  offset=6.0000 layer=2 width=0.1500 depth=0.5350 place_
    status=placed)
    (pin name="sec[3]"  offset=8.0000 layer=2 width=0.1500 depth=0.5350 place_
    status=placed)
    (pin name="sec[4]"  offset=10.0000 layer=2 width=0.1500 depth=0.5350 place_
    status=placed)
    (pin name="sec[5]"  offset=12.0000 layer=2 width=0.1500 depth=0.5350 place_
    status=placed)
    (pin name="min[0]"  offset=14.0000 layer=2 width=0.1500 depth=0.5350 place
    _status=placed   )
    (pin name="min[1]"  offset=16.0000 layer=2 width=0.1500 depth=0.5350 place
    _status=placed   )
    (pin name="min[2]"  offset=18.0000 layer=2 width=0.1500 depth=0.5350 place
    _status=placed   )
```

```
            (pin name="min[3]"   offset=20.0000 layer=2 width=0.1500 depth=0.5350 place
            _status=placed   )
            (pin name="min[4]"   offset=22.0000 layer=2 width=0.1500 depth=0.5350 place
            _status=placed   )
            (pin name="min[5]"   offset=24.0000 layer=2 width=0.1500 depth=0.5350 place
            _status=placed )
            )
            (right
            (pin name="hour[0]"   offset=2.0000 layer=2 width=0.1500 depth=0.5350 place
            _status=placed   )
            (pin name="hour[1]"   offset=4.0000 layer=2 width=0.1500 depth=0.5350 place
            _status=placed   )
            (pin name="hour[2]"   offset=6.0000 layer=2 width=0.1500 depth=0.5350 place
            _status=placed   )
            (pin name="hour[3]"   offset=8.0000 layer=2 width=0.1500 depth=0.5350 place
            _status=placed   )
            (pin name="hour[4]"   offset=10.0000 layer=2 width=0.1500 depth=0.5350 place
            _status=placed )
            )
        )
```

参 考 文 献

[1] 王松林,刘鸿雁,来新泉.专用集成电路设计基础教程[M].西安:西安电子科技大学出版社,2008.

[2] 约翰斯,马丁.模拟集成电路设计[M].曾朝阳,赵阳,方顺,译.北京:机械工业出版社,2005.

[3] 曾烈光,金德鹏,等.专用集成电路设计[M].武汉:华中科技大学出版社,2008.

[4] 韦斯特,哈里斯.CMOS超大规模集成电路设计[M].4版.周润德,译.北京:电子工业出版社,2012.

[5] 胡正明.现代集成电路半导体器件[M].王燕,等,译.北京:电子工业出版社,2012.

[6] 桑森.模拟集成电路设计精粹[M].陈莹梅,译.北京:清华大学出版社,2008.

[7] 罗萍.集成电路设计导论[M].2版.北京:清华大学出版社,2015.

[8] 何乐年,王忆.模拟集成电路设计与仿真[M].北京:科学出版社,2008.

[9] Philip EA,等.CMOS模拟集成电路设计[M].2版.北京:电子工业出版社,2011.

[10] 毕查德·拉扎维.模拟CMOS集成电路设计[M].陈贵灿,等,译.西安:西安交通大学出版社,2003.

[11] Paul R G.模拟集成电路的分析与设计[M].张晓林,译.北京:高等教育出版社,2005.

[12] Gabriel Alfonso Rincon-Mora.LDO模拟集成电路设计[M].谭旻,黄晓宗,冯林,译.北京:科学出版社,2012.